STEAM

+ 창의사고력
수학 100제

초등 1학년

SD에듀
시대교육(주)

안쌤의
STEAM
+ 창의사고력
수학 100제

초등 1학년

안쌤
영재교육연구소

안쌤 영재교육연구소 학습 자료실

샘플 강의와 정오표 등 여러 가지 학습 자료를 확인하세요~!

「안쌤의 STEAM+창의사고력 수학 100제 초등 1~2학년」 도서를 가지고 계시다면
학습 자료실 문항 분류표를 확인하세요. 학년별 분권으로 기존 도서와 문항 내용이 동일합니다.

이 책을 펴내며

STEAM을 정의하자면 '과학(Science), 기술(Technology), 공학(Engineering), 수학(Mathematics)의 연계 교육을 통해 각 과목의 흥미와 이해 및 기술적 소양을 높이고 예술(Art)을 추가함으로써 융합사고력과 실생활 문제해결력을 배양하는 교육'이라 설명할 수 있습니다. 여기서 STEAM은 과학(S), 기술(T), 공학(E), 인문·예술(A), 수학(M)의 5개 분야를 말합니다.

STEAM은 일상생활에서 마주할 수 있는 내용을 바탕으로 다양한 분야의 지식과 시선을 활용해 학생의 흥미와 창의성을 이끌어 내는 교육입니다. 학교에서는 이미 누군가 완성해 놓은 지식과 개념을 정해진 순서에 따라 배워야 합니다. 또한, 지식은 선생님의 강의를 통해 학생들에게 전달되므로 융합형 교육의 내용을 접하기도, 학생들 스스로 창의성을 발휘하기도 어려운 것이 사실입니다.

『STEAM＋창의사고력 수학 100제』를 통해 수학을 바탕으로 다양한 분야의 지식과 STEAM 문제를 접할 수 있습니다. 이 책에 실린 수학 문제를 풀며 수학적 지식뿐만 아니라 현상이나 사실을 수학적으로 분석하고, 추산하며 다양한 아이디어를 내어 창의성을 기를 수 있습니다. 『STEAM＋창의사고력 수학 100제』가 학생들에게 조금 더 쉽고, 재미있게 STEAM을 접할 수 있는 기회가 되었으면 합니다.

영재교육원 선발을 비롯한 여러 평가에서 STEAM을 바탕으로 한 융합사고력과 창의성이 평가의 핵심적인 기준으로 활용되고 있습니다. 이러한 평가에 따른 다양한 내용과 문제를 접해 보는 것은 학생들의 실력을 높이는 데 중요한 경험이 될 것입니다.

> **"** 아무것도 아닌 것 같은 당연한 사실도
> 수학이라는 안경을 쓰고 보면 새롭게 보인다. **"**

강의 중 자주 하는 말입니다.
『STEAM＋창의사고력 수학 100제』가 학생들에게 새로운 사실을 보여 주는 안경이 되기를 바랍니다.

안쌤 영재교육연구소 수달쌤 이상호

영재교육원에 대해 궁금해 하는 Q&A

영재교육원 대비로 가장 많이 문의하는 궁금증 리스트와
안쌤의 속~ 시원한 답변 시리즈

No.1 안쌤이 생각하는 대학부설 영재교육원과 교육청 영재교육원의 차이점

Q 어느 영재교육원이 더 좋나요?

A 대학부설 영재교육원이 대부분 더 좋다고 할 수 있습니다. 대학부설 영재교육원은 대학 교수님 주관으로 진행하고, 교육청 영재교육원은 영재 담당 선생님이 진행합니다. 교육청 영재교육원은 기본 과정, 대학부설 영재교육원은 심화 과정, 사사 과정을 담당합니다.

Q 어느 영재교육원이 들어가기 쉽나요?

A 대부분 대학부설 영재교육원이 더 합격하기 어렵습니다. 대학부설 영재교육원은 9~11월, 교육청 영재교육원은 11~12월에 선발합니다. 먼저 선발하는 대학부설 영재교육원에 대부분의 학생들이 지원하고 상대평가로 합격이 결정되므로 경쟁률이 높고 합격하기 어렵습니다.

Q 선발 요강은 어떻게 다른가요?

A

대학부설 영재교육원은 대학마다 다양한 유형으로 진행이 됩니다.	교육청 영재교육원은 지역마다 다양한 유형으로 진행이 됩니다.
1단계 서류 전형으로 자기소개서, 영재성 입증자료 **2단계** 지필평가 　　　(창의적 문제해결력 평가(검사), 영재성판별검사, 　　　창의력검사 등) **3단계** 심층면접(캠프전형, 토론면접 등) ※ 지원하고자 하는 대학부설 영재교육원 요강을 꼭 확인해 주세요.	GED 지원단계 자기보고서 포함 여부 **1단계** 지필평가 　　　(창의적 문제해결력 평가(검사), 영재성검사 등) **2단계** 면접 평가(심층면접, 토론면접 등) ※ 지원하고자 하는 교육청 영재교육원 요강을 꼭 확인해 주세요.

No.2 교재 선택의 기준

Q 현재 4학년이면 어떤 교재를 봐야 하나요?

A 교육청 영재교육원은 선행 문제를 낼 수 없기 때문에 현재 학년에 맞는 교재를 선택하시면 됩니다.

Q 현재 6학년인데, 중등 영재교육원에 지원합니다. 중등 선행을 해야 하나요?

A 현재 6학년이면 6학년과 관련된 문제가 출제됩니다. 중등 영재교육원이라 하는 이유는 올해 합격하면 내년에 중학교 1학년이 되어 영재교육원을 다니기 때문입니다.

Q 대학부설 영재교육원은 수준이 다른가요?

A 대학부설 영재교육원은 대학마다 다르지만 1~2개 학년을 더 공부하는 것이 유리합니다.

No.3 지필평가 유형 안내

Q 영재성검사와 창의적 문제해결력 검사는 어떻게 다른가요?

A 과거

영재성 검사
언어창의성
수학창의성
수학사고력
과학창의성
과학사고력

+

학문적성 검사
수학사고력
과학사고력
창의사고력

=

창의적 문제해결력 검사
수학창의성
수학사고력
과학창의성
과학사고력
융합사고력

현재

영재성 검사
일반창의성
수학창의성
수학사고력
과학창의성
과학사고력

창의적 문제해결력 검사
수학창의성
수학사고력
과학창의성
과학사고력
융합사고력

지역마다 실시하는 시험이 다릅니다.
서울: 창의적 문제해결력 검사
부산: 창의적 문제해결력 검사(영재성검사＋학문적성검사)
대구: 창의적 문제해결력 검사
대전＋경남＋울산: 영재성검사, 창의적 문제해결력 검사

No.4 영재교육원 대비 파이널 공부 방법

Step1 자기인식

자가 채점으로 현재 자신의 실력을 확인해 주세요. 남은 기간 동안 효율적으로 준비하기 위해서는 현재 자신의 실력을 확인해야 합니다. 기간이 많이 남지 않았다면 빨리 지필평가에 맞는 교재를 준비해 주세요.

Step2 답안 작성 연습

지필평가 대비로 가장 중요한 부분은 답안 작성 연습입니다. 모든 문제가 서술형이라서 아무리 많이 알고 있고, 답을 알더라도 답안을 제대로 작성하지 않으면 점수를 잘 받을 수 없습니다. 꼭 답안 쓰는 연습을 해 주세요. 자가 채점이 많은 도움이 됩니다.

안쌤이 생각하는 자기주도형 수학 학습법

변화하는 교육정책에 흔들리지 않는 것이 자기주도형 학습법이 아닐까?
입시 제도가 변해도 제대로 된 학습을 한다면 자신의 꿈을 이루는 데 걸림돌이 되지 않는다!

독서 ▶ 동기 부여 ▶ 공부 스타일로
공부하기 위한 기본적인 환경을 만들어야 한다.

1단계   독서

'빈익빈 부익부'라는 말은 지식에도 적용된다. 기본적인 정보가 부족하면 새로운 정보도 의미가 없지만, 기본적인 정보가 많으면 새로운 정보를 의미 있는 정보로 만들 수 있고, 기본적인 정보와 연결해 추가적인 정보(응용·창의)까지 쌓을 수 있다. 그렇기 때문에 먼저 기본적인 지식을 쌓지 않으면 아무리 열심히 공부해도 수학 과목에서 높은 점수를 받기 어렵다. 기본적인 지식을 많이 쌓는 방법으로는 독서와 다양한 경험이 있다. 그래서 입시에서 독서 이력과 창의적 체험활동(www.neis.go.kr)을 보는 것이다.

2단계   동기 부여

인간은 본인의 의지로 선택한 일에 책임감이 더 강해지므로 스스로 적성을 찾고 장래를 선택하는 것이 가장 좋다. 스스로 적성을 찾는 방법은 여러 종류의 책을 읽어서 자기가 좋아하는 관심 분야를 찾는 것이다. 자기가 원하는 분야에 관심을 갖고 기본 지식을 쌓다 보면, 쌓인 기본 지식이 학습과 연관되면서 공부에 흥미가 생겨 점차 꿈을 이루어 나갈 수 있다. 꿈과 미래가 없이 막연하게 공부만 하면 두뇌의 반응이 약해진다. 그래서 시험 때까지만 기억하면 그만이라고 생각하는 단순 정보는 시험이 끝나는 순간 잊어버린다. 반면 중요하다고 여긴 정보는 두뇌를 강하게 자극해 오래 기억된다. 살아가는 데 꿈을 통한 동기 부여는 학습법 자체보다 더 중요하다고 할 수 있다.

3단계   공부 스타일

공부하는 스타일은 학생마다 다르다. 예를 들면, '익숙한 것을 먼저 하고 익숙하지 않은 것을 나중에 하기', '쉬운 것을 먼저 하고 어려운 것을 나중에 하기', '좋아하는 것을 먼저 하고, 싫어하는 것을 나중에 하기' 등 다양한 방법으로 공부를 하다 보면 자신에게 맞는 공부 스타일을 찾을 수 있다. 자신만의 방법으로 공부를 하면 성취감을 느끼기 쉽고, 어떤 일이든지 자신 있게 해낼 수 있다.

어느 정도 기본적인 환경을 만들었다면
이해 – 기억 – 복습의 자기주도형 3단계 학습법으로
창의적 문제해결력을 키우자.

1단계 이해

단원의 전체 내용을 쭉 읽어본 뒤, 개념 확인 문제를 풀면서 중요 개념을 확인해 전체적인 흐름을 잡고 내용 간의 연계(마인드맵 활용)를 만들어 전체적인 내용을 이해한다.
개념을 오래 고민하고 깊이 이해하려 하는 습관은 스스로에게 질문하는 것에서 시작된다.
[이게 무슨 뜻일까? / 이건 왜 이렇게 될까? / 이 둘은 뭐가 다르고, 뭐가 같을까? / 왜 그럴까?]
막히는 문제가 있으면 먼저 머릿속으로 생각하고, 끝까지 이해가 안 되면 답지를 보고 해결한다. 그래도 모르겠으면 여러 방면(관련 도서, 인터넷 검색 등)으로 이해될 때까지 찾아보고, 그럼에도 이해가 안 된다면 선생님께 여쭤 보라. 이런 과정을 통해서 스스로 문제를 해결하는 능력이 키워진다.

2단계 기억

암기해야 하는 부분은 의미 관계를 중심으로 분류해 전체 내용을 조직한 후 자신의 성격이나 환경에 맞는 방법, 즉 자신만의 공부 스타일로 공부한다. 이때 노력과 반복이 아닌 흥미와 관심으로 시작하는 것이 중요하다. 그러나 흥미와 관심만으로는 힘들 수 있기 때문에 단원과 관련된 수학 개념이 사회 현상이나 기술을 설명하기 위해 어떻게 활용되고 있는지를 알아보면서 자연스럽게 다가가는 것이 좋다.
그리고 개념 이해를 요구하는 단원은 기억 단계를 필요로 하지 않기 때문에 이해 단계에서 바로 복습 단계로 넘어가면 된다.

3단계 복습

수학에서의 복습은 여러 유형의 문제를 풀어 보는 것이다. 이렇게 할 때 교과서에 나온 개념과 원리를 제대로 이해할 수 있을 것이다. 기본 교재(내신 교재)의 문제와 심화 교재(창의사고력 교재)의 문제를 풀면서 문제해결력과 창의성을 키우는 연습을 한다면 수학에서 좋은 점수를 받을 수 있을 것이다.

마지막으로 과목에 대한 흥미를 바탕으로 정서적으로 안정적인 상태에서 낙관적인 태도로 자신감 있게 공부하는 것이 가장 중요하다.

안쌤 영재교육연구소 대표 **안 재 범**

안쌤이 생각하는 영재교육원 대비 전략

1. 학교 생활 관리: 담임교사 추천, 학교장 추천을 받기 위한 기본적인 관리
- 교내 각종 대회 대비 및 창의적 체험활동(www.neis.go.kr) 관리
- 독서 이력 관리: 교육부 독서교육종합지원시스템 운영

2. 흥미 유발과 사고력 향상: 학습에 대한 흥미와 관심을 유발
- 퍼즐 형태의 문제로 흥미와 관심 유발
- 문제를 해결하는 과정에서 집중력과 두뇌 회전력, 사고력 향상

▲ 안쌤의 사고력 수학 퍼즐 시리즈 (총 14종)

3. 교과 선행: 학생의 학습 속도에 맞춰 진행
- '교과 개념 교재 ➡ 심화 교재'의 순서로 진행
- 현행에 머물러 있는 것보다 학생의 학습 속도에 맞는 선행 추천

4. 수학, 과학 과목별 학습
- 수학, 과학의 개념을 이해할 수 있는 문제해결

▲ 안쌤의 창의사고력 수학 실전편 시리즈

(초급, 중급, 고급)

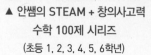

▲ 안쌤의 STEAM + 창의사고력
수학 100제 시리즈

(초등 1, 2, 3, 4, 5, 6학년)

▲ 안쌤의 STEAM + 창의사고력
과학 100제 시리즈

(초등 1~2, 3~4, 5~6학년)

5. 융합 사고력 향상

• 융합 사고력을 향상시킬 수 있는 문제해결

◀ 안쌤의 수 · 과학 융합 특강

6. 지원 가능한 영재교육원 모집 요강 확인

• 지원 가능한 영재교육원 모집 요강을 확인하고 지원 분야와 전형 일정 확인
• 지역마다 학년별 지원 분야가 다를 수 있음

7. 지필평가 대비

• 평가 유형에 맞는 교재 선택과 서술형 답안 작성 연습 필수

▲ 영재성검사 창의적 문제해결력
모의고사 시리즈
(초등 3~4, 5~6, 중등 1~2학년)

▲ SW 정보영재 영재성검사
창의적 문제해결력 모의고사 시리즈
(초등 3~4, 초등 5~중등 1학년)

8. 탐구보고서 대비

• 탐구보고서 제출 영재교육원 대비

◀ 안쌤의 신박한 과학 탐구보고서

9. 면접 기출문제로 연습 필수

• 면접 기출문제와 예상문제에 자신
만의 답변을 글로 정리하고, 말로
표현하는 연습 필수

◀ 안쌤과 함께하는 영재교육원 면접 특강

안쌤 영재교육연구소 수학·과학 학습 진단 검사

수학·과학 학습 진단 검사란?

수학·과학 교과 학년이 완료되었을 때 개념이해력, 개념응용력, 창의력, 수학사고력, 과학탐구력, 융합사고력 부분의 학습이 잘 되었는지 진단하는 검사입니다.

영재교육원 대비를 생각하시는 학부모님과 학생들을 위해, 수학·과학 학습 진단 검사를 통해 영재교육원 대비 커리큘럼을 만들어 드립니다.

검사지 구성

과학 13문항	• 다답형 객관식 8문항 • 창의력 2문항 • 탐구력 2문항 • 융합사고력 1문항	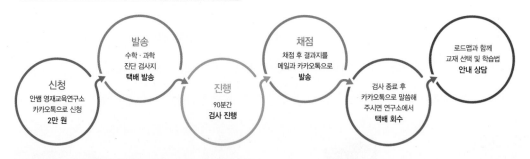
수학 20문항	• 수와 연산 4문항 • 도형 4문항 • 측정 4문항 • 확률/통계 4문항 • 규칙/문제해결 4문항	

수학·과학 학습 진단 검사 진행 프로세스

신청
안쌤 영재교육연구소
카카오톡으로 신청
2만 원

발송
수학·과학
진단 검사지
택배 발송

진행
90분간
검사 진행

채점
채점 후 결과지를
메일과 카카오톡으로
발송

검사 종료 후
카카오톡으로 말씀해
주시면 연구소에서
택배 회수

로드맵과 함께
교재 선택 및 학습법
안내 상담

수학·과학 학습 진단 학년 선택 방법

----- YES
----- NO

현재 초등학생인가요?

수학·과학 교과 학습을
몇 학년까지 했나요?

중학교 1학년이고 고교 진로 결정을
위한 진단 검사를 원하시나요?

~초 3 1학기	초 3 2학기~ 초 4 1학기	초 4 2학기~ 초 5 1학기	초 5 2학기~ 초 6 1학기	초 6 2학기~ 중 1 2학기	중 2부터는 검사지 가 없습니다.
수학·과학 1~2학년	수학·과학 3학년	수학·과학 4학년	수학·과학 5학년	수학·과학 6학년	

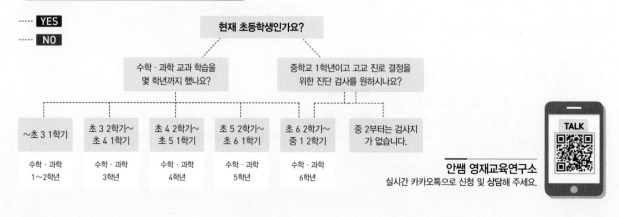

TALK

안쌤 영재교육연구소
실시간 카카오톡으로 신청 및 상담해 주세요.

이 책의 구성과 특징

✏️ 창의사고력 실력다지기 100제

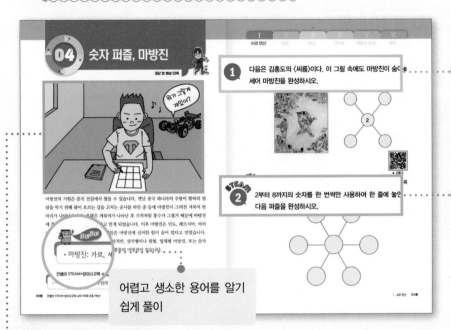

교과사고력 문제로 기본적인 교과 내용을 학습하는 단계

융합사고력 문제로 다양한 아이디어와 원리 탐구를 통해 창의사고력 향상

어렵고 생소한 용어를 알기 쉽게 풀이

실생활에 쉽게 접할 수 있는 상황을 이용해 흥미 유발

✏️ 영재성검사 창의적 문제해결력 기출예상문제

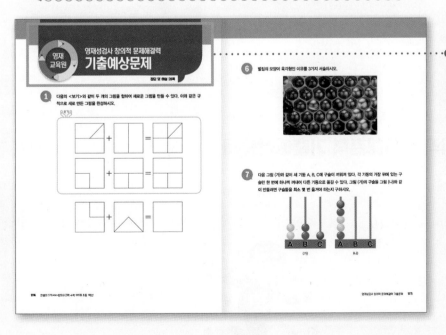

- 교육청 · 대학 · 과학고 부설 영재교육원 영재성검사, 창의적 문제해결력 평가 기출예상문제 수록
- 영재교육원 선발 시험의 문제 유형과 출제 경향 예측

이 책의 차례

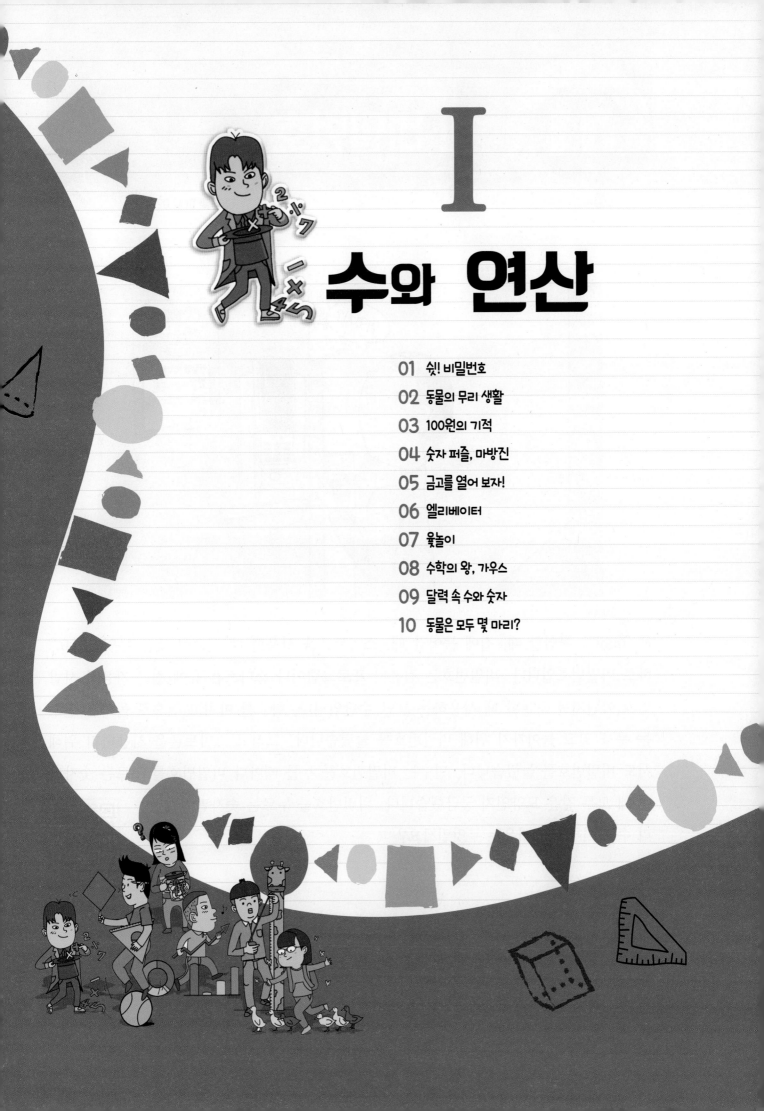

I
수와 연산

E-mail을 확인할 때, 집에 들어갈 때, 스마트폰을 사용할 때 필요한 것은 무엇일까요? 바로 비밀번호입니다. 비밀번호는 컴퓨터 프로그램이나 스마트폰 등에 접근 가능한 사람인지 아닌지를 구분할 때 사용하는 **보안** 수단입니다. 학교를 마치고 집으로 돌아간 민수는 문을 열고 들어가기 위해 비밀번호를 눌렀습니다. 그리고 스마트폰을 사용하기 위해서도 비밀번호를 눌렀습니다. 민수는 비밀번호를 누를 때마다 비밀번호를 누르는 숫자판이 왜 모두 같은 모양인지 궁금했습니다. 비밀번호를 누르는 숫자판이 한 자리 수로 이루어진 이유는 무엇일까요?

▲ 비밀번호

• 보안: 안전을 유지하는 것

연우와 재우가 비밀번호에 대해 이야기하고 있다. 두 친구 중 누구의 말이 옳다고 생각하는지 쓰고, 그 이유를 서술하시오.

> • **연우**: 난 비밀번호는 다른 사람이 절대 알 수 없는 것으로 만들어야 한다고 생각해. 그래서 난 앞으로 3856719037460이라는 비밀번호를 사용하겠어!
>
> • **재우**: 그러다가 비밀번호를 기억하지 못하면 어쩌려고 그러니? 다른 사람이 알지 못하게 하는 것도 중요하지만 내가 기억할 수 있는 번호를 사용하는 것이 더 중요하다고 생각해. 그래서 나는 오늘부터 375라는 비밀번호를 사용할 거야.

 비밀번호는 어떻게 만드는 것이 좋을까? 본인만의 비밀번호를 만들고, 그렇게 만든 이유를 서술하시오.

정답 및 해설 02쪽

지후는 먹이를 찾아 이동하는 초식동물에 관한 다큐멘터리를 보다가 풀을 찾아 엄청난 거리를 이동하는 **누**에 대하여 알게 되었습니다. 누는 평소에는 20~50마리 정도가 무리를 지어 생활합니다. 하지만 비가 오지 않는 건기에는 수만 마리가 큰 무리를 이루어 풀을 찾아 1600 km나 되는 거리를 이동합니다. 누가 많은 수의 무리를 지어 이동하는 이유는 무엇일까요?

 용어풀이

• 누: 초원에 사는 초식동물로, 소와 비슷한 모습의 포유류이다.

1 다음 사진 속의 얼룩말과 누의 수를 세어 어느 동물이 몇 마리 더 많은지 서술하시오.
친구들과 답을 비교해 보고 답이 다르다면, 그 이유를 서술하시오.

2 초원에는 풀을 뜯어먹고 사는 영양, 얼룩말, 누와 같은 초식동물과 이들을 잡아먹고
사는 사자나 표범, 하이에나 등의 육식동물이 함께 살고 있다. 초식동물이 사자나 표범
등에게 잡아먹히지 않기 위한 방법을 서술하시오.

03 100원의 기적

정답 및 해설 03쪽

'100원의 기적'은 100원이라는 적은 돈을 매일 모아 어려운 이웃이나 가난한 나라의 친구들을 돕는 활동입니다. 이 활동은 2005년부터 시작되어 2012년까지 약 4만여 명의 후원자들이 지속해서 참여했으며, 많은 사람의 참여가 어려운 이웃을 돕는 나눔 활동으로 이어지고 있습니다.

르완다에서는 100원 1개로 바나나 3개를 살 수 있고, 탄자니아에서는 100원이 5개 모이면 구충제 1알을 살 수 있습니다. 또, 인도네시아에서는 100원이 10개 모이면 꿈이 자랄 수 있는 책 1권을 살 수 있습니다.

여러분도 잠들어 있는 100원을 꺼내어 **기부**를 시작해 보는 건 어떨까요? 우리의 주머니 속에 잠들어 있는 작은 동전이 모이면 기적이 일어나게 됩니다.

▲ 100원 기부

• **기부**: 다른 사람을 돕기 위하여 돈이나 물건을 대가 없이 내놓는 것

1 르완다에서는 100원으로 바나나 3개를 살 수 있다. 일주일 동안 매일 100원씩 저금한 돈으로 르완다에서 살 수 있는 바나나의 개수를 풀이 과정과 함께 구하시오.

STEAM
2 100원짜리 동전을 돈이 아닌 다른 용도로 사용할 수 있는 아이디어를 5가지 서술하시오.

04 숫자 퍼즐, 마방진

정답 및 해설 03쪽

세종대왕도 즐겼다는 덧셈을 이용한 숫자 퍼즐 **마방진**.

마방진의 기원은 중국 전설에서 찾을 수 있습니다. 옛날 중국 하나라의 우왕이 황하의 범람을 막기 위해 물이 흐르는 길을 고치는 공사를 하던 중 등에 마방진이 그려진 거북이 한 마리가 나타났습니다. 우왕은 거북이가 나타난 후 기적처럼 홍수가 그쳤기 때문에 마방진에 주술적인 힘이 깃들여져 있다고 믿게 되었습니다. 이후 마방진은 인도, 페르시아, 아라비아, 서유럽으로 전파되었고, 사람들은 마방진에 신비한 힘이 숨어 있다고 믿었습니다. 사각형 모양의 마방진이 가장 일반적이지만, 삼각형이나 원형, 입체형 마방진, 또는 숫자 대신 알파벳이 쓰인 마방진 등 다양한 종류의 마방진이 있습니다.

 용어풀이

- **마방진**: 가로, 세로, 대각선의 합이 항상 같은 퍼즐

1 다음은 김홍도의 〈씨름〉이다. 이 그림 속에도 마방진이 숨어 있다. 그림 속 사람 수를 세어 마방진을 완성하시오.

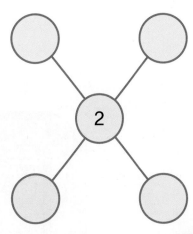

▲ 김홍도

2 2부터 8까지의 숫자를 한 번씩만 사용하여 한 줄에 놓인 세 수의 합이 15가 되도록 다음 퍼즐을 완성하시오.

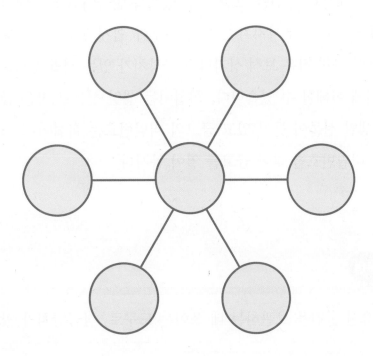

05 금고를 열어 보자!

정답 및 해설 04쪽

소중한 물건을 보관할 수 있는 곳은 어디일까요?

금고는 중요하고 소중한 물건을 보관할 수 있도록 만들어진 도구입니다. 두꺼운 철판으로 만들어져 쉽게 뚫리거나 부서지지 않으며 누구나 쉽게 열 수 없도록 잠금장치가 되어 있습니다. 여러분이 가진 작은 보석 상자나 잠금장치가 있는 서랍을 크고 튼튼하게 만든 것으로 생각하면 쉽게 이해할 수 있습니다. 희섭이는 생일 선물로 작은 금고를 받았습니다. 금고 안에 진짜 생일 선물이 들어 있고 금고의 비밀번호는 희섭이 스스로 알아내야 합니다. 희섭이와 함께 비밀번호를 찾아 금고를 열어 봅시다.

 용어풀이

- 금고: 중요한 물건을 보관하는 데 쓰이는 도구로, 잠금장치가 있다.

1 금고가 있는 방에 들어가기 위해서는 비밀번호를 알아야 한다. 방을 열 수 있는 비밀 번호의 <힌트>를 보고, 비밀번호를 구하시오.

힌트

$27+56=$ ■△

$8 \times 7 =$ ☆○

두 식을 계산하여 나오는 수를 ■△와 ☆○라고 할 때, 방문을 열 수 있는 비밀번호는 ■☆△○이다.

STEAM 2 방에 들어간 희섭이는 금고의 잠금장치를 발견했다. 잠금장치의 푸른색 바깥쪽 부분과 분홍색 안쪽 부분의 숫자의 합이 모두 같아야 금고가 열린다. 바깥쪽 숫자 6의 안쪽에 어떤 숫자가 와야 금고가 열리는지 서술하시오.

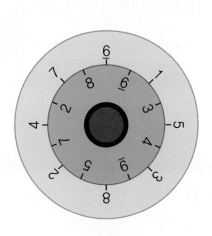

06 엘리베이터

정답 및 해설 04쪽

많은 사람이 아파트나 빌라와 같은 높은 건물에 살고 있고, 우리는 주변에서 5층 이상의 높은 건물을 쉽게 찾을 수 있습니다. 이처럼 높은 건물에서도 불편함 없이 살아갈 수 있는 것은 바로 엘리베이터가 있기 때문입니다. 엘리베이터는 **도르래**를 이용해 우물 속의 물을 끌어올리는 모습을 보고 물 대신 사람을 끌어올리려는 노력으로 만들어졌습니다. 오늘날 도시에서 수많은 사람을 실어 나르는 엘리베이터의 편리함에 대하여 다시 한 번 생각해 봅시다.

▲ 엘리베이터

 용어풀이

• **도르래**: 바퀴 모양에 홈을 파고 줄을 걸어서 힘의 방향을 바꾸거나, 작은 힘으로 도 큰 힘을 낼 수 있도록 만든 도구

1 쇼핑몰에 도착한 지완이는 밥을 먹기 위해 아래로 3개의 층을 내려가고, 밥을 먹은 후 쇼핑을 위해 7개 층을 올라갔다. 지완이가 쇼핑을 하는 층은 몇 층인지 서술하시오.

STEAM 2 누구나 엘리베이터를 타기 위해 기다려 본 경험이 있을 것이다. 엘리베이터를 기다리는 시간을 줄일 수 있는 방법을 3가지 서술하시오.

 **윷놀이**

정답 및 해설 05쪽

윷놀이는 윷가락을 던지고 말을 이용해 승부를 겨루는 놀이로, 우리 조상들의 보드게임의 한 종류입니다. 윷놀이는 주로 설날에 하는 **민속놀이**로, 한 해의 운을 미리 알아보고자 하는 의미도 있었습니다. 윷놀이는 삼국 시대 이전부터 전해 내려오는 것으로 알려져 있으며 우리의 윷놀이는 일본으로도 전해졌습니다. 윷가락은 나무를 갈라서 만드는데, 북부 지방 농민들은 콩이나 팥 2개를 절반으로 갈라 윷가락을 대신 사용했다는 기록도 있습니다. 윷놀이는 여러 사람이 함께 놀이를 즐길 수 있고, 편을 나누어 놀이하기도 합니다. 돌아오는 설날에는 스마트폰 게임이나 컴퓨터 게임 대신 가족들과 윷놀이를 하는 건 어떨까요?

▲ 윷놀이

• **민속놀이**: 각 지방의 생활과 풍속이 반영되어 전해지는 놀이

1 말이 출발점에서 출발하여 한 바퀴 돌아 다시 출발점으로 되돌아온 후 내보내면 '한 동'이라고 한다. 윷놀이 말판을 보고 한 동이 나기 위해 말이 움직이는 가장 빠른 길을 표시하고, 몇 칸을 이동해야 하는지 구하시오.

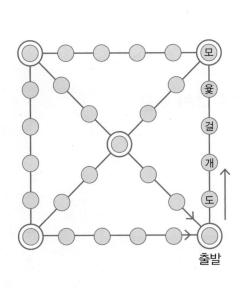

STEAM

2 윷놀이와 같은 민속놀이를 찾아보고, 그중 한 가지의 놀이방법을 설명하시오.

08 수학의 왕, 가우스

정답 및 해설 05쪽

지금으로부터 300년 전, 어느 날 선생님께서 학생들에게 1부터 100까지 덧셈을 하라고 합니다. 우리나라 1학년 첫 단원은 1부터 9까지의 수이고, 한 학기 동안 50까지의 수를 배우니 학생들에게 얼마나 어려운 과제였을까요? 학생들은 자신의 손가락, 발가락, 친구의 손가락, 발가락을 이용하여 한참을 더하고 있었을 것입니다. 이때 선생님 눈에 놀고 있는 한 학생이 발견됩니다. 선생님은 그 학생에게 다가가 답이 얼마냐고 물었는데 '5050'이라고 당당히 대답했습니다. 그 학생은 바로 수학의 왕 **가우스**였습니다. 가우스는 어떻게 1부터 100까지의 합을 빠르고 정확하게 구했을까요?

- **가우스**: '나는 말을 하기도 전에 셈을 할 수 있었다.'고 스스로 말할 정도로 수학에 대한 천재성을 타고난 독일의 수학자이다.

1 1부터 10까지의 합을 서로 다른 2가지 방법을 사용하여 구하시오.

STEAM 2 가우스는 어떻게 1부터 100까지의 합을 빠르고 정확하게 구했는지 방법을 설명하시오.

정답 및 해설 06쪽

숫자는 수를 나타내는 데 사용하는 0, 1, 2, …, 9의 **기호**이고, 수는 사물을 세거나 헤아린 양, 크기, 순서를 나타냅니다. 예를 들어 꽃 3송이나 사과 3개를 모두 셋이라고 말할 때 셋은 수이고, 이것을 숫자로 표현한 것이 3입니다. 또한, 60이라는 수는 십의 자리의 숫자 6과 일의 자리의 숫자 0으로 이루어진 두 자리 수이고, 숫자 6과 0은 수 60을 만드는 기호입니다.

채영이는 7월 달력에서 수와 숫자의 개수를 세어 보려고 합니다. 7월 달력 속의 수와 숫자는 모두 몇 개인지 구하여 봅시다.

 용어풀이

• **기호**: 어떠한 뜻을 나타내기 위하여 쓰이는 부호나 문자

1 7월 달력에 사용된 수와 숫자는 모두 몇 개인지 각각 구하시오.

07 JULY

MO	TU	WE	TH	FR	SA	SU
1	2	3	4	5	6	7
8	9	10	11	12	13	14
15	16	17	18	19	20	21
22	23	24	25	26	27	28
29	30	31				

2 12월 달력에 사용된 숫자 1은 모두 몇 개인지 구하고, 구하는 방법을 서술하시오.

12 DECEMBER

MO	TU	WE	TH	FR	SA	SU
						1
2	3	4	5	6	7	8
9	10	11	12	13	14	15
16	17	18	19	20	21	22
23	24	25	26	27	28	29
30	31					

10 동물은 모두 몇 마리?

정답 및 해설 06쪽

동물을 좋아하는 태영이는 동물원에 갔습니다. 책이나 TV에서만 보던 많은 동물을 실제로 볼 수 있어 신이 났습니다. 태영이는 동물원 이곳저곳을 돌아다니며 사자, 사슴, 코끼리, 기린과 같은 큰 동물뿐만 아니라 타조, 공작과 같은 새와 뱀, 거북과 같은 파충류 등 다양한 동물을 구경했습니다. 동물원에서 다양한 동물을 본 태영이는 동물마다 다리의 수가 다른 것을 보고, 동물의 다리의 수를 이용하여 **관찰**한 동물의 수를 알아맞히는 수학 문제를 만들어 보았습니다. 동물원에서 태영이가 본 동물은 모두 몇 마리인지 함께 풀어 볼까요?

 용어풀이

• **관찰**: 사물이나 현상을 주의하여 자세히 살펴보는 것

1 태영이가 본 코끼리의 다리를 모두 합하면 52개이다. 태영이가 본 코끼리는 모두 몇 마리인지 구하시오.

 2 태영이가 본 타조와 사슴의 수를 모두 합하면 9마리이고, 타조와 사슴의 다리의 개수를 모두 합하면 모두 22개이다. 태영이가 본 타조와 사슴의 수를 각각 구하시오.

II

도형

11 도로명주소

정답 및 해설 07쪽

우리는 2014년부터 도로명주소를 사용하고 있습니다. 동과 번지로 나타내던 주소가 도로 이름과 건물 번호를 사용하는 도로명주소로 바뀐 것입니다. 이러한 주소는 이미 외국 여러 나라에서 오래전부터 사용하던 방법입니다. 영국은 1666년 런던에서 대화재가 일어난 뒤, 도시를 복구하는 과정에서 도로명주소를 쓰기 시작했습니다. 도로명주소의 편리성이 알려지면서 현재 대부분의 나라가 도로명주소를 사용하고 있으며, 북한도 1960년대부터 도로명주소를 사용하고 있습니다.

▲ 도로명주소

• 도로명주소: 도로에 이름을 붙이고, 도로명을 기준으로 하여 건물에 고유 번호를 붙인 주소

1 다음 <보기>는 도로명주소를 나타낼 때 사용되는 도로명 표지판과 건물 번호판이다. 이것들을 2개의 무리로 분류하려고 할 때, 적절한 분류 기준을 2가지 쓰시오.

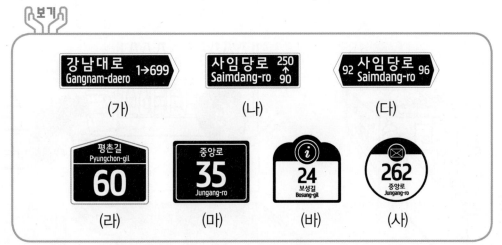

STEAM 2 **1**에서 정한 기준으로 <보기>를 2개의 모둠으로 분류하시오.

정답 및 해설 07쪽

대형 마트는 우리에게 필요한 식품이나 생활용품을 판매하는 곳입니다. 많은 물건을 한 번에 싼 가격으로 사들여 소비자들에게 저렴한 가격으로 팝니다. 또한, 다양한 물건들이 준비되어 있어 편리하게 이용할 수 있습니다. 마트는 슈퍼마켓과 비슷한 단어이지만 좀 더 규모가 큰 곳을 이야기하며, 최근에는 물건을 사고 쇼핑을 하는 대표적인 장소가 되었습니다. 많은 사람들은 대형 마트의 물건은 저렴하고 품질이 좋을 것이라고 생각합니다. 하지만 사람들의 이런 생각을 이용해 물건을 더 비싸게 파는 경우도 있습니다. 앞으로 물건을 살 때 가격과 품질을 꼼꼼히 따져 봅시다.

 용어풀이

• 생활용품: 생활에 필요한 물건

1 마트에 가서 자신이 사고 싶은 물건을 5가지 쓰고, 사고 싶은 이유를 서술하시오.

STEAM

2 분류 기준을 2가지 정하여 자신이 사고 싶은 물건을 알맞게 분류하시오.

도형은 모양에 따라 여러 가지로 나눌 수 있습니다. 삼각형과 사각형, 오각형과 같은 도형은 평평한 평면에 나타낼 수 있는 도형으로 평면도형이라고 부릅니다. 평면도형 외에 공간에서 일정한 크기를 차지하는 도형은 **입체**도형이라고 합니다. 우리가 살고 있는 공간에 있는 대부분 물건은 입체적인 모양을 하고 있기 때문에 입체도형이라고 할 수 있습니다. 주변에서 쉽게 볼 수 있는 여러 입체도형의 특징을 살펴보고 그 이름을 지어 봅시다.

 용어풀이

• 입체: 여러 개의 평면이나 곡면으로 둘러싸인 부분

1 주어진 모양의 특징을 쓰고, 각 모양에 어울리는 이름을 만들어 보시오.

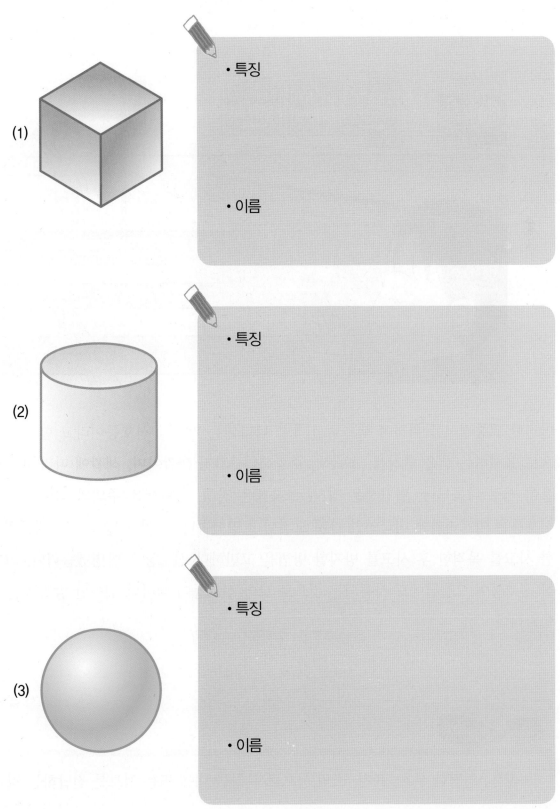

(1)

- 특징

- 이름

(2)

- 특징

- 이름

(3)

- 특징

- 이름

정답 및 해설 08쪽

안전한 교통질서를 위하여 색으로 신호를 나타내는 기구를 신호등이라고 합니다. 신호등으로 표시하는 색은 빨간색, 초록색, 주황색의 3가지 색깔이며, 색깔에 따라 지시하는 내용이 서로 다릅니다. 빨간색은 정지, 초록색은 진행, 주황색은 주의의 의미가 있습니다. 신호등은 아프리카계 미국인인 가렛 모건이 발명했습니다. 어느 날 마차와 자동차의 끔찍한 사고를 목격한 후 사고를 방지할 방법을 고민하다 신호등을 발명했습니다. 그가 발명한 신호등이 오늘날에도 사용되는 것으로 보아 신호등이 얼마나 뛰어난 발명품인지 알 수 있습니다.

- 신호: 일정한 부호, 표지, 소리 등으로 특정한 내용 또는 정보를 전달하는 것

1 다음 도형의 특징을 3가지 쓰시오.

2 자동차를 위한 신호등의 모양이 동그란 모양인 이유를 서술하시오.

미술관에서 미술 작품을 감상하고 있는 인성이와 현정이는 독특한 작품을 발견했습니다. 두 친구가 그 작품이 독특하다고 생각한 이유는 삼각형과 곧은 선만을 이용해 그림을 그렸기 때문입니다. 그림을 보던 인성이는 미술 작품에서 4개의 삼각형을 찾을 수 있다고 이야기 했습니다. 현정이는 5개의 삼각형을 찾을 수 있다고 이야기했습니다.

누구의 이야기가 맞는 것일까요? 여러분이 누구의 이야기가 맞는지 결정해 주세요.

• 독특: 특별하게 다름

1 다음 도형에서 서로 다른 모양의 삼각형은 모두 몇 개인지 구하시오.

2 1 에서 서로 다른 모양의 삼각형을 빠짐없이 찾기 위한 방법을 서술하시오.

16 원으로 그린 그림

정답 및 해설 09쪽

스페인 세비야에서 활동하는 작가 마틴 사티(Matin Sati)는 자신만의 독특한 **패턴**과 방법을 이용하여 그림을 그립니다. 실험 정신이 매우 강한 그의 작품은 작은 원에서 시작하여 자신만의 규칙과 일정한 패턴으로 원들이 점점 밖으로 퍼져 나가며, 이 원들이 모여 하나의 작품이 됩니다. 그의 작품에는 원과 곡선만 있고 직선은 존재하지 않습니다. 원과 부드러운 곡선, 화려한 색으로 그려진 그의 작품은 많은 사람의 사랑을 받고 있습니다.

용어풀이

- **패턴**: 일정한 형태나 양식 또는 유형
- **지름**: 원 위의 두 점을 이은 선분 중 원의 중심을 지나는 선분

1 다음 그림은 마틴 사티의 작품이다. 그림에서 찾을 수 있는 도형을 그리고, 그 도형의 지름을 표시하시오.

STEAM

2 **1**에서 그린 도형이 우리 주변에서 사용되는 경우를 찾아 10가지 쓰시오.

III

측정

정답 및 해설 10쪽

여러분은 여름 방학이나 겨울 방학을 앞두고 생활 계획표를 만들어 본 경험이 있을 것입니다. 생활 계획표를 만드는 이유는 규칙적인 생활을 하기 위해서입니다. 매일 학교에 가지 않는 방학 동안에도 학교에 가는 것과 같이 규칙적인 생활을 하고, 자신의 할 일과 하루의 계획을 미리 정해 보는 것은 매우 중요한 일입니다.

청소년기의 규칙적인 생활은 더욱 중요합니다. 청소년기에 몸에 밴 습관은 오래도록 유지될 가능성이 높기 때문입니다. 또, 규칙적인 생활은 건강과 학습, 성장에도 도움이 됩니다. 오늘부터라도 생활 계획표를 만들어 규칙적인 생활을 위해 노력해 봅시다.

 용어풀이

• 생활 계획표: 하루 일과의 계획을 적은 표나 그림

1 내일 오후 8시에 무엇을 하고 있을지 예상해 보시오.

2 규칙적인 생활을 위한 생활 계획표를 만들어 보시오.

18 수면 시간

정답 및 해설 10쪽

우리는 인생의 3분의 1의 시간을 잠을 자면서 보냅니다. 그 많은 시간을 잠을 자는 데 사용하는 이유는 무엇일까요? 가장 큰 이유는 낮 동안 받았던 스트레스로부터 휴식을 취하여 몸을 회복하기 위해서입니다. 성장기의 학생들에게 수면은 더욱 중요합니다. 잠을 자는 동안 성장 호르몬이 분비되기 때문입니다. 성장 호르몬은 성장뿐만 아니라 노화를 막아주는 역할도 합니다. 이러한 이유로 규칙적으로 잠을 자지 못하면 건강에 위협을 받을 수 있습니다. 학자들의 연구 결과 인간은 최소 4~6시간의 잠을 자야 하고, 적절한 수면 시간은 7~9시간입니다.

 용어풀이

• 성장 호르몬: 뼈, 연골 등의 성장을 촉진하는 호르몬

1 태영이와 민주가 아침에 일어난 시각을 나타낸 것이다. 누가 얼마나 더 일찍 일어났는지 서술하시오.

태영

민주

STEAM 2 자신에게 알맞은 수면 시간은 몇 시간인지 쓰고, 그 이유를 서술하시오.

19 도착 시각은?

정답 및 해설 11쪽

오늘은 형준이 아버지께서 제주도 출장에서 돌아오시는 날입니다. 공항으로 아버지 마중을 나가기로 한 형준이는 아버지께 도착 시각을 여쭈어보았습니다. 아버지께서는 제주도에서 출발 시각을 알려주시고, 도착 시각을 잘 계산해 공항으로 마중 나오라고 하셨습니다. 형준이 아버지의 도착 시각을 알아봅시다.

▲ 시차

 용어풀이

• 시각: 시간의 어떤 한 지점으로, 어느 순간을 말한다.

1 비행기를 타고 제주공항에서 김포공항까지 1시간 5분이 걸린다. 형준이 아버지께서 오후 3시 20분에 제주공항에서 출발했다면 김포공항에 도착한 시각을 구하시오.

STEAM 2 형준이는 23일 저녁 8시에 인천공항에서 비행기를 탔고 11시간 후에 미국 LA에 도착하였다. 당연히 24일이 되었을 거라고 생각했는데 공항의 시계와 달력은 아직 23일이었다. 그 이유를 서술하시오.

▲ 달력

지금은 너무나 당연하게 생각되는 시간과 날짜, 계절. 이런 편리한 법칙들은 고대 인간들의 오랜 관찰에서 시작되었습니다. 해가 뜨고 지는 것을 수백 번 보고 겪으며 하루의 개념을 알게 되었고, 계절의 변화가 봄, 여름, 가을, 겨울의 순서로 이어진다는 것을 알게 되었습니다. 피부로 느껴지는 계절 변화를 정교한 날짜 개념으로 바꾸게 된 것은 천문을 관찰하기 시작한 후부터입니다. 고대 문명에서는 1년을 360일로 보았고, 이 때문에 원 한 바퀴의 각도가 360°가 되었습니다.

 용어풀이

• 천문: 우주와 천체의 모든 현상과 그 안에 들어 있는 법칙

1 어느 해 4월 달력의 일부분이다. 윤정이가 체험 학습을 하러 가는 날이 4월 넷째 화요일일 때, 체험 학습을 하러 가는 날은 며칠인지 구하시오.

일	월	화	수	목	금	토
		1	2	3	4	5
6	7	8	9	10	11	12

STEAM

2 1년은 며칠인지 서술하시오.

21 누구 키가 더 클까?

정답 및 해설 12쪽

우리나라 초등학교 1학년 학생들의 평균 키는 남학생은 121.6 cm, 여학생은 120.6 cm입니다. 2학년의 경우 남학생은 127.8 cm, 여학생은 126.7 cm입니다.

자신의 키가 얼마나 되는지 알아보려면 어떻게 해야 할까요? 자를 이용해 키를 측정하면 됩니다. 두 친구의 키를 비교하는 방법에는 어떤 것이 있을까요? 자를 이용해 키를 잰 다음 비교할 수도 있지만 두 친구가 등을 대고 서서 키를 비교할 수도 있습니다. 이처럼 키를 비교하는 방법에는 다양한 방법이 있습니다. 물건의 길이를 알아보는 다양한 방법과 단위길이에 대해 알아봅시다.

• **단위길이**: 계산의 기초가 되는 길이의 일정한 기준

1 단위길이를 이용해 국자의 길이를 재려고 한다. ㉠과 ㉡을 단위길이로 하여 각각 국자의 길이를 나타내어 보시오.

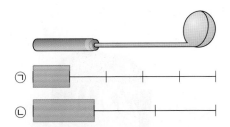

STEAM 2 물체의 길이를 재는 단위길이의 길이가 길 때 편리한 점과 불편한 점을 각각 서술하시오.

22 길이를 재는 자

정답 및 해설 12쪽

자는 물건의 길이를 재는 데 사용되는 도구입니다. 자는 크게 눈금자, 단면자, 회전자로 나눌 수 있습니다. 눈금자는 일정한 간격의 눈금이 그려진 것으로 곧은자, 끼움자, 줄자가 있습니다. 이중 곧은자는 미터원기(原器)나 표준자와 같이 정밀한 것에서부터 문방구에서 판매하는 것까지 여러 가지가 있습니다. 단면자는 물체의 두께를 측정하는 자로, 눈금 간격이 매우 정밀합니다. 회전자는 바퀴를 굴려서 회전수와 원둘레의 길이를 곱하여 길이를 측정하는 자로, 전선의 길이를 재거나 택시미터에 사용됩니다.

• 미터원기: 1 m의 기준이 되는 자

1 세 사람 중 연필의 길이를 바르게 잰 사람은 누구인지 쓰고, 그 이유를 서술하시오.

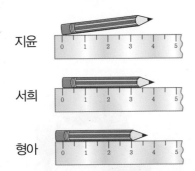

STEAM
2 연필의 길이를 쓰고, 그렇게 생각한 이유를 서술하시오.

23 백설공주

정답 및 해설 13쪽

백설공주에 대한 이야기를 들어 본 적이 있나요? 백설공주는 눈처럼 하얀 피부, 앵두처럼 붉은 입술, 칠흑 같은 검은 머리를 가진 아름다운 공주입니다. 계모인 왕비의 시샘을 받아 숲으로 쫓겨나 금광을 캐며 사는 일곱 난쟁이의 도움을 받으며 살게 되지요. 계모인 왕비는 이후에도 여러 차례 공주를 죽이려다 결국 독이 든 사과를 먹여 깊은 잠에 빠뜨립니다. 하지만 왕자가 나타나 공주를 깨우고 계모 왕비는 벌을 받게 됩니다. 이 동화에는 일곱 난쟁이가 나옵니다. 백설공주와 일곱 난쟁이의 키는 얼마나 차이가 났을까요?

• 금광: 금을 캐는 광산

1 다음은 은영이가 토마토 새싹을 관찰하며 적은 관찰 일기이다. 빈칸에 들어갈 알맞은 말을 <보기>에서 찾아 써넣으시오.

> 보기
>
> 가까이, 멀리, 깊이, 얕게, 길어, 짧은, 얇고, 굵어, 낮아

식물 관찰 일기

6월 14일 (맑음)

2학년 이은영

오늘은 어제보다 조금 더 꼼꼼히 토마토를 관찰하여 4일 전과 비교해 보았다.

토마토의 키는 약 5 cm로 4일 전보다 2 cm나 [ ]졌다. 토마토의 키가 자란

만큼 뿌리도 땅속 [ ] 들어갔을 것이다. 잎의 개수는 2개가 더 늘어났다.

잎의 개수가 많아지면 잎의 무게를 견디기 위해 줄기는 더 [ ]질 것이다. 하

지만 아직 줄기의 굵기는 변화가 없다. 잎이 2장 더 나왔는데 새로 나온 잎은 처음에

나온 잎보다 아직 두께가 [ ] 크기도 작다. 4일 만에 잎이 2장 더 나왔으니

4일 후에는 또 새로운 잎 2장을 더 볼 수 있을 것 같다. 햇빛을 잘 받아야 토마토가

잘 자랄 수 있기 때문에 오늘부터는 햇빛을 잘 받을 수 있도록 조금 더 햇빛이 잘

비치는 창문 [ ]에 두어야겠다.

IV 규칙성

정답 및 해설 14쪽

우리나라는 뚜렷한 사계절의 변화가 있습니다. 보통 3~5월을 봄이라고 합니다. 봄은 날씨가 점점 따뜻해지지만 때때로 꽃샘추위가 나타납니다. 또, 낮에는 기온이 높지만, 밤에는 기온이 낮아서 일교차가 큽니다. 6~8월을 여름이라고 합니다. 6월 말에서 7월 말까지는 비가 많이 내리는 장마 기간이고, 7월 말부터 8월 초가 되면 본격적인 더위가 시작됩니다. 9~11월을 가을이라고 합니다. 아침저녁으로 날씨가 선선해지고 일교차가 커집니다. 또, 맑고 상쾌한 날씨가 이어지며 단풍을 볼 수 있습니다. 12~2월을 겨울이라고 합니다. 차갑고 건조한 바람이 불고 갑자기 추워지거나 눈이 많이 내리기도 합니다.

• 일교차: 하루 중 가장 높은 기온과 가장 낮은 기온의 차이

1 다음 <보기>의 빈칸에 알맞은 말을 써넣으시오.

보기

봄	⋯⋯⋯⋯⋯	1
여름	⋯⋯⋯⋯⋯	2
가을	⋯⋯⋯⋯⋯	2
겨울	⋯⋯⋯⋯⋯	☐

STEAM

2 사계절이 있어 좋은 점을 2가지 서술하시오.

정답 및 해설 14쪽

태영이와 은성이가 함께 게임을 하고 있습니다. 한 사람이 늘어놓은 도형을 보고 상대방이 규칙을 찾아 다음에 올 도형을 맞추는 게임입니다. 태영이가 늘어놓은 도형은 사각형, 삼각형, 사각형, 삼각형과 같은 순서로 모양이 반복되고 있습니다. 은성이는 규칙을 찾아 다음에 올 모양을 맞췄습니다. 이번에는 은성이가 늘어놓은 도형을 보고 태영이가 규칙을 찾아 다음에 올 도형을 맞출 차례입니다. 다음에 올 도형은 어떤 모양일까요?

 **용어풀이**

• **규칙**: 일정하게 정한 질서

1 다음은 태영이가 늘어놓은 도형이다. □ 안에 알맞은 도형을 그리시오.

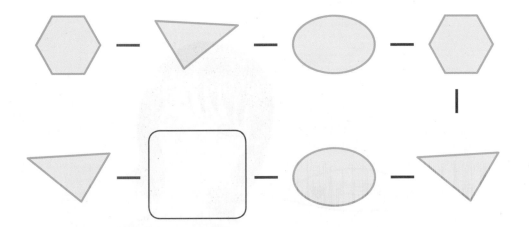

STEAM
2 다음은 은성이가 늘어놓은 도형이다. □ 안에 알맞은 도형을 그리시오.

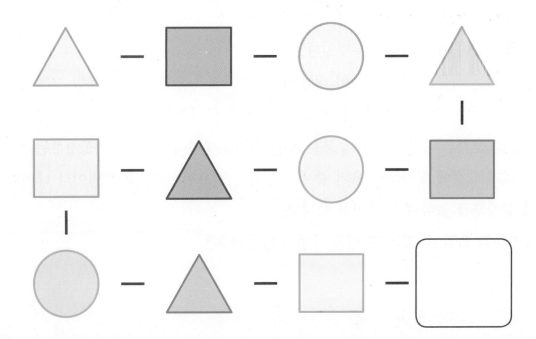

봄에는 개나리, 여름엔 무궁화, 가을엔 코스모스.

식물의 꽃이 피는 이유는 무엇일까요?

꽃이 피는 식물은 씨를 만들어 대를 잇습니다. 꽃은 암술, 수술, 꽃잎, 꽃받침으로 이루어져 있습니다. 수술은 꽃가루를 만들고, 암술은 꽃가루를 받아들여 씨와 열매를 맺습니다.

수술의 꽃가루가 암술 머리에 붙는 것을 꽃가루받이라고 합니다. 꽃가루는 스스로 움직일 수 없기 때문에 꽃가루를 옮겨 줄 무엇인가가 필요합니다. 주로 벌이나 나비와 같은 곤충이 꽃가루를 옮겨 주는 역할을 합니다.

꽃가루를 옮길 수 있는 또 다른 방법이 있을까요?

 용어풀이

• **꽃가루받이**: 수술의 꽃가루가 암술 머리로 옮겨지는 현상

1 다음 꽃을 관찰하고 규칙을 찾아 빈칸에 들어갈 꽃을 그리시오.

2 벌이나 나비와 같은 곤충은 꽃의 꽃가루를 옮겨 준다. 식물이 꽃가루를 옮기는 다른 방법을 서술하시오.

정답 및 해설 15쪽

황금알을 낳는 **거위**가 있었습니다. 주인은 이 거위가 아주 신기했고, 거위가 황금알을 낳을 때마다 뛸 듯이 기뻤습니다. 거위에게 특별한 사랑을 쏟으며 가난하던 주인은 점점 부자가 되었으나 사람의 욕심은 끝이 없었습니다. 하루에 한 개씩 황금알을 낳는 거위가 답답하고 조바심이 나 견딜 수 없었습니다.

"이 거위의 배를 가르면 황금알이 무더기로 있지 않을까?"

결국, 주인은 거위의 배를 갈랐고 이로 인해 황금알은 커녕 거위가 죽어버리고 말았습니다.

- **거위**: 기러기목 오리과의 물새

---

1 두 마리의 황금알을 낳는 거위가 있다. 한 마리는 2일에 1개씩, 다른 한 마리는 3일에 1개씩의 황금알을 낳는다. 이번 달 1일에 두 마리의 거위가 함께 황금알을 낳았다면 11일까지 두 마리의 거위가 낳은 황금알의 개수는 모두 몇 개인지 구하시오.

STEAM
2 '황금알을 낳는 거위' 이야기에서 거위가 죽게 된 이유를 생각해 보고, 이 이야기가 우리에게 주는 교훈을 서술하시오.

정답 및 해설 16쪽

옛날에 아이가 없던 한 부부가 살고 있었습니다. 아내가 아이를 가지게 되었는데, 아이를 가진 아내는 이웃에 사는 마녀가 키우는 라푼젤이 매우 먹고 싶어 병이 났습니다. 남편은 아내를 위해 라푼젤을 몰래 훔쳤습니다. 라푼젤을 맛있게 먹은 아내는 라푼젤이 또 먹고 싶다고 남편을 졸랐고, 남편은 또 마녀의 밭에 갔다가 결국 마녀에게 들키고 말았습니다. 마녀는 태어날 아이를 자신에게 주면 용서해 주겠다고 했습니다. 얼마 후 아내는 예쁜 아이를 낳았고, 마녀는 아이를 데리고 갔습니다. 라푼젤이라는 이름을 가진 아이는 깊은 숲속에 있는 계단도 없는 높은 탑에 갇혀 혼자 지내게 됩니다. 라푼젤이 탑에서 내려올 수 있을까요?

- **라푼젤**: 독일의 양배추

1 라푼젤은 신비로운 머리카락을 가지고 있다. 라푼젤의 머리카락은 1년에 2 m씩 자란다. 라푼젤이 탑에서 18년 동안 지냈다고 할 때, 라푼젤의 머리카락의 길이는 몇 m인지 구하시오.

STEAM

2 라푼젤을 발견한 왕자는 라푼젤의 머리카락을 이용해 탑으로 올라가려고 한다. 머리카락을 타고 탑으로 올라갈 수 있을지 없을지 쓰고, 그 이유를 서술하시오.

30 몇 도막일까?

정답 및 해설 16쪽

힘들어

유준이는 통나무로 멋진 집을 짓기로 마음먹고, 통나무를 구해 나무를 자르기 시작했습니다. 통나무를 자르던 유준이는 오래 지나지 않아 나무를 자르는 일이 쉽지 않다는 사실을 깨달았습니다. 그래서 유준이는 나무를 자르는 데 얼마나 오랜 시간이 걸릴지 미리 알고 싶었습니다. 유준이가 통나무를 모두 자르기 위해 필요한 시간을 구하는 방법을 알아봅시다.

 용어풀이

- 통나무: 나누지 않은 통째로의 나무

1 통나무 1개를 잘라 7개의 나무 도막을 만들려고 한다. 나무를 몇 번이나 잘라야 하는지 구하시오.

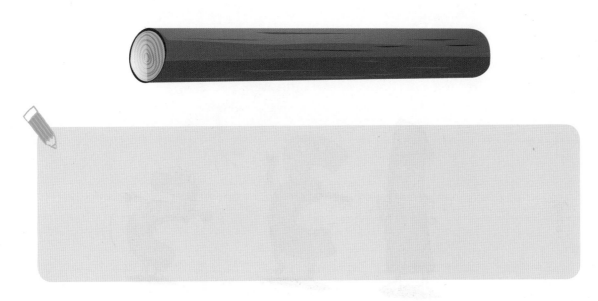

STEAM
2 통나무 1개를 잘라 2개의 나무 도막으로 만드는 데 1분이 걸리고, 통나무를 한 번 자르고 나면 2분간 쉬어야 한다. 유준이가 통나무를 잘라 5개의 나무 도막으로 만드는 데 필요한 최소 시간을 구하시오.

정답 및 해설 17쪽

1, 2, 3, 4, 5, …와 같은 **자연수**는 1씩 커지는 규칙을 가지고 있습니다.

1, 3, 5, 7, 9, …와 같은 홀수는 2씩 커지는 규칙을 가지고 있습니다.

3, 6, 9, 12, 15, 18, …과 같은 곱셈구구의 3단은 3씩 커지는 규칙을 가지고 있습니다.

이와 같이 일정한 규칙을 가진 수들이 나열된 것을 수열이라고 합니다. 다양한 수들의 나열에서 그 규칙을 찾아내는 연습을 해 봅시다.

 **용어풀이**

• 자연수: 1부터 시작하여 1씩 커지는 수

1 다음 <보기>와 같이 수를 일정한 규칙에 따라 나열했을 때 나열된 규칙을 찾고, 12번째 수를 구하시오.

<보기>

> 1   3   6   10   15   21   28   …

2 다음 <보기>와 같은 규칙으로 수를 나열했을 때 20번째 수를 구하고, 구하는 방법을 서술하시오.

<보기>

> 1   5   9   13   17   21   …

정답 및 해설 17쪽

윤서는 평소 달력을 보며 왜 일주일이 7일인지 궁금했습니다. 만약 '일주일이 5일이라면 5일마다 주말이 돌아오게 되어 더 많이 학교에 가지 않고 놀 수 있지 않을까?'라고 생각한 적도 있습니다. 윤서의 고민을 듣던 경호는 윤서에게 새로운 달력을 만들어 보라고 했습니다. 새로운 달력을 만들 때 일주일을 며칠로 정하는 것이 좋을까요?

용어풀이

• 일주일: 한 주일 또는 7일

1 일주일을 새롭게 정한다면 며칠로 정할지 쓰고, 그 이유를 서술하시오.

STEAM 2 우리는 일주일이 7일인 달력을 사용하고 있다. 일주일의 시작은 무슨 요일인지 쓰고, 그 이유를 서술하시오.

V

확률과 통계

정답 및 해설 18쪽

태윤이는 종종 어머니를 도와 드립니다. 자신이 먹은 밥그릇도 정리하고, 자신의 방 청소도 하며, 빨래를 너는 것도 도와 드립니다. 오늘은 태윤이 어머니께서 **심부름**을 시키셨습니다. 작은 쪽지에는 태윤이가 사야 할 물건들이 적혀 있습니다.

태윤이는 이 물건들을 모두 사기 위해 어디로 가야 할까요?

 **용어풀이**

- **심부름**: 남이 시키는 일을 해 주는 것

1 다음 물건들을 사기 위해서는 어떤 가게를 찾아가야 하는지 알맞게 연결하시오.

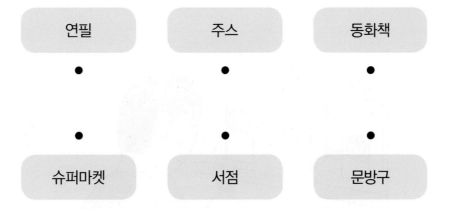

STEAM 2 심부름하던 태윤이는 어른이 되면 사장님이 되고 싶었다. 여러분이 만약 가게의 사장님이 된다면 어떤 가게의 사장님이 되고 싶은지 쓰고, 그 이유를 서술하시오.

분류란 여러 가지 물건을 기준을 정해 종류가 같은 것끼리 모아서 나누는 것입니다. 마트에 가면 과자, 생선, 채소, 음료수 등 여러 가지 물건들이 종류별로 진열되어 있습니다. 이것 역시 분류를 활용한 것입니다. 물건들을 분류하면 원하는 물건을 쉽게 찾을 수 있고, 어떤 종류의 물건이 몇 개씩 있는지도 쉽게 알 수 있습니다.

용어풀이

• 분류: 일정한 기준에 따라서 나눔

1 다음 <보기>는 어느 마트의 각 코너를 정리한 것이다. 어떤 코너에 가면 우유를 찾을 수 있을지 쓰고, 그 이유를 서술하시오.

보기

> 수산, 조리 식품, 과일, 채소, 유제품, 과자, 일회용품, 음료, 육류

STEAM 2 다음 <보기>는 오늘 마트에서 산 물건들이다. 분류 기준을 정한 후 알맞게 분류하시오.

보기

> 닭, 양파, 바나나, 사과, 고등어, 오징어, 감자, 오리고기

분리배출을 해 본 적이 있나요? 우리가 생활하면서 생기는 쓰레기 중 많은 양은 다시 재활용할 수 있는 것들입니다. 종이, 플라스틱, 유리, 캔, 비닐 등은 분리수거만 잘한다면 다시 사용할 수 있습니다. 이렇게 분리배출된 쓰레기 중 일부를 재활용하면 쓰레기의 양도 줄일 수 있고, 자원도 아낄 수 있어 한 가지 일을 하고 두 가지 이익을 얻는 효과를 누릴 수 있습니다. 앞으로 쓰레기를 버릴 때는 재활용이 가능한 쓰레기인지 다시 한 번 생각해 봅시다.

▲ 분리배출

 용어풀이

- 분리배출: 쓰레기를 종류별로 나누어서 버리는 것
- 분리수거: 종류별로 나누어서 버린 쓰레기 등을 거두어 감

1 다음 물건을 분리배출하려고 한다. 각 물건과 분리함을 적절하게 연결하시오.

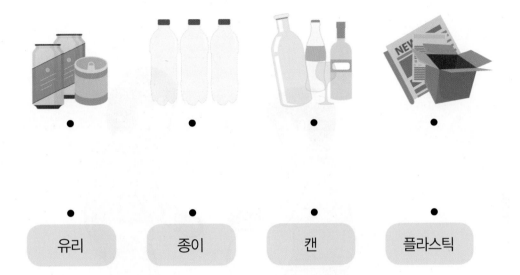

유리	종이	캔	플라스틱

STEAM

2 쓰레기를 분리배출하면 좋은 점을 3가지 서술하시오.

정답 및 해설 19쪽

동전 1개를 던지면 동전의 앞면이 나오거나 동전의 뒷면이 나옵니다. 동전을 던질 때 면이 나오는 **경우의 수**는 2가지입니다.

주사위 1개를 던질 때 눈이 나오는 경우의 수는 얼마일까요? 주사위의 눈은 1부터 6까지 있으므로 경우의 수는 6가지입니다.

 용어풀이

• **경우의 수**: 어떤 일이 일어날 수 있는 경우의 가짓수

동전 2개를 던졌을 때 나올 수 있는 경우의 수를 모두 그리시오.

STEAM

 동전 1개와 주사위 1개를 던졌을 때 나올 수 있는 경우의 수를 모두 구하시오.

정답 및 해설 20쪽

오늘날의 소풍은 어떻게 시작된 것일까요? 과거에도 오늘날의 소풍과 같은 형태는 아니더라도 봄에서 가을 사이의 좋은 날씨에 스승과 제자들이 야외로 나가 여러 가지 활동을 해 왔습니다. 오늘날과 같은 **근대**적인 개념의 소풍이 시작된 것은 **개화기** 이후의 일로, 근대적 교육기관이 설립되면서부터입니다. 소풍은 학생들의 경험을 풍부하게 해 주고, 학교 수업에서 부족한 것을 보충해 주는 등 중요한 교육적 의미를 지니고 있습니다.

용어풀이

• **근대**: 역사상의 시대 구분으로 얼마 지나지 않은 시기

• **개화기**: 1876년의 강화도 조약 이후부터 우리나라가 서양 문물의 영향을 받아 종래의 봉건적인 사회질서를 깨고 근대적 사회로 가던 시기

1 다음 <보기>에서 소풍으로 가고 싶은 곳을 고르고, 그 이유를 서술하시오.

보기

놀이공원	산	박물관	바닷가

STEAM

2 반 친구들이 가고 싶어 하는 소풍 장소를 조사하고, 그 결과를 표로 나타내시오.

장소	놀이공원	산	박물관	바닷가
선택한 학생 수(명)				

 **맛있는 제철 과일**

정답 및 해설 20쪽

우리가 즐겨 먹는 과일에는 건강에 좋은 비타민이 많이 들어 있습니다. 오늘날에는 농업 기술의 발달로 언제든 먹고 싶은 과일을 사서 먹을 수 있습니다. 하지만 뭐니 뭐니 해도 제철 과일이 가장 좋지 않을까요? 제철 과일에는 많은 영양소가 들어 있고 가격도 저렴하며 맛도 좋습니다. 5월의 제철 과일은 딸기입니다. 복숭아와 참외, 수박 등은 7~8월이 제철이며, 사과, 배, 감 등은 9~10월이 제철입니다. 여러분은 어떤 과일을 좋아하나요?

 **용어풀이**

• 제철 과일: 계절이나 시기에 맞게 나오는 과일

1 가장 좋아하는 과일을 쓰고, 그 이유를 서술하시오.

STEAM 2 다음은 우리 반 학생들이 좋아하는 과일을 조사한 것이다. 조사 결과를 표로 나타내시오.

[우리 반 학생들이 좋아하는 과일]

사과	포도	귤	바나나	복숭아	사과
귤	복숭아	포도	사과	포도	복숭아
사과	포도	바나나	사과	바나나	사과

과일	사과	포도	귤	바나나	복숭아	합계
학생 수(명)						

39 반장 선거

정답 및 해설 21쪽

반장 선거 결과

공부를 잘하는 친구? 재미있는 친구? 책임감이 있는 친구? 모두에게 친절한 친구? 여러분의 반에는 어떤 친구가 반장인가요? 어떤 친구가 반장이 되느냐에 따라 한 학기의 학교생활이 달라지기도 합니다. 어떤 친구가 반장이 되어야 한다고 생각하나요? 자신이 있다면 여러분이 직접 반장 선거에 나가보는 것은 어떨까요?

용어풀이

- 선거: 여러 사람들 중에서 투표를 통해 집단의 대표자나 그 단체의 중요한 일을 맡아보는 사람을 뽑는 일

1 다음은 우리 반 반장 선거 결과이다. 반장은 누구인지 쓰시오.

[우리 반 반장 선거 결과]

성민	영수	지원	지원	영수	지원	성민	영수	지원
성민	지원	영수	성민	성민	지원	성민	영수	영수
지원	성민	성민	지원	성민	영수	성민	지원	영수

STEAM
2 반장 선거의 결과를 게시판에 붙이려고 한다. 결과를 그래프로 정리하시오.

[우리 반 반장 선거 결과]

후보	득표 수(표)
성민	10
영수	8
지원	9
합계	27

득표 수(표) \ 후보			

40 마인드맵

마인드맵이란 문자 그대로 '생각의 지도'란 뜻으로, 자기 생각을 지도를 그리듯 나타내는 방법입니다. 한 가지 주제에 대한 거미줄처럼 연결된 생각의 고리를 이어 나가는 것입니다. 이것은 새로운 아이디어를 찾는 방법의 하나로, 창의적인 사고의 한 방법으로 활용됩니다.

용어풀이

• 사고: 생각하고 궁리함

1 '수학'과 연관이 있는 단어를 10가지 쓰시오.

2 '원숭이 엉덩이−빨간색−사과−…'와 같이 하나의 생각이 다른 생각으로 이어지는 것을 연상이라고 한다. '수학'으로부터 연상되는 단어를 20개 쓰시오.

VI 융합

정답 및 해설 22쪽

세상에는 돈보다 소중한 것들이 많이 있지만, 많은 사람의 걱정은 대부분 돈에서 시작됩니다. 우리가 사용하는 '돈'이라는 이름은 '돌고 도는 것'이라는 뜻에서 온 것이라고 합니다. 세계 어느 나라에서든 돈은 물건을 교환하는 수단으로 사용됩니다. 우리나라는 원, 미국은 달러, 일본은 엔, 중국은 위안, 영국은 파운드, **유럽 연합**은 유로라는 단위의 돈을 사용하고 있습니다.

▲ 세계 화폐

용어풀이

• **유럽 연합**: 유럽의 여러 나라가 모인 공동 기구

1 태영이는 500원짜리 동전 4개, 1000원짜리 지폐 5장, 5000원짜리 지폐 2장, 10000원 짜리 지폐 1장을 모았다. 태영이가 모은 돈은 모두 얼마인지 구하시오.

STEAM 2 태영이는 100원짜리 동전으로 4700원을 가지고 있다. 태영이가 가진 돈을 모두 500원 짜리 동전으로 바꾸면 최대한 몇 개까지 바꿀 수 있는지 쓰고, 그 이유를 서술하시오.

동현이는 수학 선생님이 보낸 **소포**를 하나 받았습니다. 그 소포 안에는 작은 상자가 하나 들어 있었습니다. 때마침 수학 선생님에게서 전화가 걸려 왔습니다.

"동현아, 소포는 잘 받았지? 소포 안 상자에 어마어마한 선물이 들어 있단다. 단, 자물쇠로 잠겨 있으니 비밀번호를 잘 찾아야 할 거야. 비밀번호의 힌트는 함께 보낸 메모지에 적혀 있다."

동현이는 수학 선생님이 보낸 메모지의 힌트를 보고 상자를 열 수 있을까요?

용어풀이

• **소포**: 조그맣게 포장한 물건 또는 어떤 물건을 잘 포장하여 우편으로 보내는 물품

1 선생님이 보낸 메모지에는 다음과 같은 힌트가 적혀 있었다. 선물 상자를 열 수 있는 비밀번호를 구하시오.

힌트

- 첫 번째 숫자: 4보다 1 큰 수이다.
- 두 번째 숫자: 9보다 1 작은 수이다.
- 세 번째 숫자: 개미 다리의 개수이다.
- 네 번째 숫자: 소뿔의 개수이다.
- 다섯 번째 숫자: 강아지 꼬리의 개수이다.
- 여섯 번째 숫자: 고양이 다리의 개수이다.

STEAM 2 동현이는 0부터 9까지 숫자로 되어 있는 자물쇠 비밀번호 중 마지막 숫자가 기억이 나지 않았다. 운이 가장 나쁠 경우 몇 번 만에 자물쇠를 열 수 있는지 구하시오.

장수풍뎅이는 우리나라에 서식하는 풍뎅이 종류 중에서 가장 몸집이 크고 잘 알려진 곤충입니다. 수컷은 머리에 긴 뿔이 있고 가슴 등판에도 뿔이 있는데 이것은 장수풍뎅이의 가장 큰 특징입니다. 숲속의 참나무에서 주로 발견되며 오래된 나무에서 흐르는 **진**을 빨아먹고 삽니다. 최근에는 장수풍뎅이 애벌레를 식용으로 활용하는 다양한 방법들이 개발되고 있습니다. 식용으로 활용되는 장수풍뎅이 애벌레를 '장수애'라고 부르기도 합니다.

▲ 장수풍뎅이

• 진: 풀이나 나무의 껍질 따위에서 분비되는 끈끈한 물질

1 장수풍뎅이는 3쌍의 다리와 2쌍의 날개를 가지고 있다. 유준이가 기르는 장수풍뎅이가 모두 8마리라면 장수풍뎅이의 다리의 수와 날개의 수의 합은 모두 몇 개인지 구하시오.

STEAM 2 장수풍뎅이 2마리를 3만 원에 살 수 있다. 유준이는 장수풍뎅이를 사기 위해 16만 원을 모았다. 유준이가 살 수 있는 장수풍뎅이는 모두 몇 마리인지 구하시오.

44 미어캣

정답 및 해설 23쪽

아프리카에 사는 **미어캣**은 초승달 모양의 귀, 눈 주위에 검은색 반점이 있습니다. 눈 주위의 검은색 반점은 눈부심을 막아 주는 효과가 있습니다. 몸과 다리는 전체적으로 가는 편이며, 털은 길고 부드럽습니다. 수컷과 암컷은 몸무게에 차이가 있습니다. 수컷은 626~ 797 g, 암컷은 620~969 g 정도로 암컷이 조금 더 큽니다. 건조하고 탁 트인 장소를 좋아하기 때문에, 산이나 숲보다는 주로 초원이나 사막에서 삽니다. 미어캣은 지름이 5 m에 달하는 굴을 만들어 은신처로 사용합니다.

▲ 미어캣

• 미어캣: 몽구스과의 작은 육식 동물

1 50마리의 미어캣 무리가 있다. 이 중 12마리의 미어캣은 독수리에게 잡아먹히고, 7마리의 미어캣은 새로 태어났다. 또한, 4마리의 미어캣이 무리에 새롭게 합류했다. 지금 무리에는 모두 몇 마리의 미어캣이 있는지 구하시오.

STEAM 2 미어캣은 보통 50마리 정도가 무리를 지어 땅속에 집을 짓고 생활한다. 미어캣이 땅속에 집을 짓는 이유를 서술하시오.

정답 및 해설 24쪽

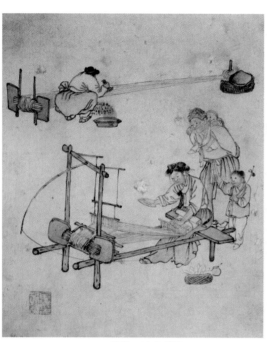

▲ 김홍도의 〈길쌈〉

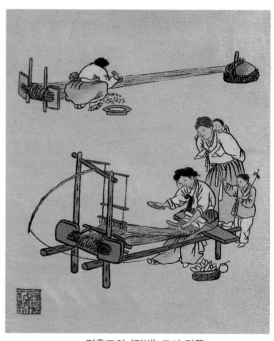

▲ 김홍도의 〈길쌈〉 모사 작품

위의 그림은 조선 시대 화가 김홍도의 〈길쌈〉이라는 작품입니다. '길쌈'은 실을 만들어 옷감을 짜는 일입니다. 김홍도는 궁궐에서 그림을 그리는 화원으로, 조선 시대 대표 화가 중 한 명입니다. 특히 사람들의 생활을 그리는 풍속 화가로 잘 알려져 있습니다. 풍속화란 사람들의 생활을 표현한 그림입니다. 조선 시대 전기까지는 왕실과 귀족들의 일상을 그린 그림이 많았지만, 후기로 오면서 **서민**의 생활을 그린 풍속화가 많아졌습니다.

용어풀이

• **서민**: 아무 벼슬이나 신분적 특권을 갖지 못한 일반 사람

1 김홍도의 작품 〈길쌈〉에 등장하는 사람은 모두 몇 명인지 쓰시오.

 2 다음은 김홍도의 작품 〈대장간〉이다. 1부터 9까지의 수를 활용하여 그림과 관련된 문제를 2개 만드시오.

▲ 김홍도의 〈대장간〉

▲ 김홍도의 〈대장간〉 모사 작품

 **46 가로수**

정답 및 해설 24쪽

인류의 문명이 발달함에 따라 도시를 형성하게 되었고, 도시와 도시 사이를 연결하는 도로는 중요한 기능을 가지게 되었습니다. 그래서 도로변에는 나무를 심어 아름답게 꾸미는 동시에 도로를 보호했습니다. 이러한 목적으로 도로변에 심은 나무를 가로수라고 합니다. 과거 가로수는 눈이 쌓였을 때 도로의 방향을 가리키고, 더운 여름에는 길을 지나는 사람들의 휴식 공간으로 활용되었습니다. 최근에는 대기오염을 줄이고, 자동차 소음을 줄이기 위해 가로수를 심어 가꾸고 있습니다.

 **용어풀이**

• 대기오염: 공기가 오염되는 것

1 24 km의 길이의 도로에 3 km 간격으로 전봇대를 세우고, 4 km 간격으로 가로수를 심으려고 한다. 이때 도로의 시작과 끝에 전봇대를 세우고, 가로수와 전봇대가 겹치는 곳에는 전봇대를 세우기로 했다. 필요한 나무의 수와 전봇대의 수를 각각 구하시오.

2 도로에 세워진 가로수나 전봇대는 일정한 간격으로 세워져 있다. 가로수나 전봇대와 같이 일정한 간격을 두고 세워져 있는 건물이나 물건을 5가지 서술하시오.

정답 및 해설 25쪽

13은 서양 사람들이 싫어하는 수로, 그 이유를 역사에서 찾아볼 수 있습니다. 예수는 자신이 체포되어 사형될 것을 알고 12명의 제자와 함께 만찬을 열었습니다. 만찬 도중 유다는 은화 30전을 받고 예수를 배반했고 예수는 잡혀갔습니다. **기독교**인들은 예수와 열두 제자를 합해 13명이 모인 곳에서 유다의 배반이 일어났으므로 13이라는 수에 배반과 불행이 담겨 있다고 믿게 되었습니다. 심지어 오늘날에도 서양에서는 13명이 함께 회식을 하면 그해 안에 13명 중 한 명이 죽게 된다는 미신을 믿는 사람이 있습니다. 이러한 이유로 고층 건물에 13층을 만들지 않거나 엘리베이터의 13층을 13 대신 다른 문자나 모양으로 표시하기도 합니다.

• **기독교**: 예수 그리스도에 의해 만들어진 종교

1 태윤이는 5층부터 13층까지 엘리베이터 버튼을 모두 눌렀다. 태윤이가 누른 버튼의 개수는 모두 몇 개인지 구하시오.

STEAM
2 엘리베이터 버튼에 0이 없는 이유는 무엇인지 서술하시오.

정답 및 해설 25쪽

우리나라 사람들은 일찍이 문화와 예술을 사랑했습니다. 집을 나가서는 친구를 사귀고, 집에 들어와서는 옛 조상들의 책을 읽는 것을 미덕으로 여겨 왔습니다. 신라 시대에 관리를 등용할 때에는 그 사람의 독서 범위와 수준을 헤아려 인재를 등용하는 **독서삼품과**를 설치하여 독서를 권장했습니다. 고려 시대에는 이미 우수한 종이를 만들고 세계 최초로 금속활자를 만드는 등 인쇄술이 발달하여 많은 책을 만들었습니다. 조선은 유학을 건국이념으로 하고 역대의 임금들이 학문을 장려했습니다. 따라서 중국으로부터 많은 서적이 수입되었고, 국가적인 도서편찬사업이 활발히 추진되어 많은 책이 출판되었습니다.

- **독서삼품과**: 관리를 선발할 때 후보들의 독서 능력에 따라 상, 중, 하 세 단계로 구분한 것

1 석환이는 매년 계절마다 7권의 책을 읽는다. 올해는 봄과 가을에 3권의 책을 더 읽었다. 올해 일 년 동안 석환이가 읽은 책은 모두 몇 권인지 구하시오.

STEAM
2 독서의 좋은 점을 3가지 서술하시오.

画像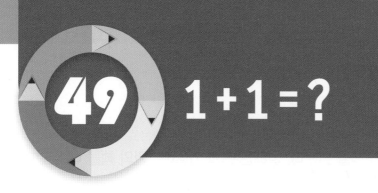

49 1+1=?

정답 및 해설 26쪽

1년은 1월부터 시작되고, 학교는 1학년부터 시작됩니다. 이처럼 숫자 1은 시작을 의미합니다. 1에 1을 차례로 더하면 2, 3, 4, 5, … 등 모든 자연수를 만들 수 있습니다. 1+1은 무엇일까요? 대부분의 사람은 1+1=2라는 것을 알고 있습니다. 하지만 발명왕 에디슨은 "찰흙 한 덩이에 찰흙 한 덩이를 더하면 여전히 한 덩이이므로 1+1=1일 수도 있다."고 대답해서 선생님의 말문이 막혔다는 이야기가 있습니다. 에디슨은 오른손에 찰흙 한 덩이를 들고 왼손에 다른 찰흙 한 덩이를 든 다음, 두 덩이를 합쳐서 한 덩이라고 말을 했다는데, 과연 에디슨의 말은 옳은 것일까요?

 용어풀이

- 에디슨: 미국의 발명가로, 전화기, 인쇄 전신기, 백열전등, 영화촬영기 등을 만들었다.

1 에디슨은 오른손과 왼손에 각각 찰흙 한 덩이를 든 다음, 두 덩이를 합쳐서 한 덩이라고 말을 했다. 에디슨의 말이 옳은지 틀린지 자신의 생각을 서술하시오.

STEAM

2 보통 1+1=2이다. 1+1이 2가 아닌 경우를 3가지 서술하시오.

50 시소를 타는 방법

정답 및 해설 26쪽

시소는 초등학교의 운동장이나 놀이터에서 흔히 볼 수 있는 놀이기구입니다. 중앙을 고정시킨 판자의 양쪽 끝에 앉아서 한 번씩 번갈아 오르내리며 즐깁니다. 시소는 혼자서는 탈 수 없고 두 명 이상의 사람이 있어야 합니다. 시소를 잘 타려면 수평을 잘 잡아야 합니다. 수평이란 어느 쪽으로도 기울어지지 않고 평형을 이루고 있는 상태입니다. 한쪽으로 기울어지지 않게 하기 위해 자리를 옮겨 앉기도 합니다.

 용어풀이

• 평형: 사물이 한쪽으로 기울지 않고 안정한 상태

1 코뿔이와 쥐돌이는 몸무게 차이가 크다. 코뿔이와 쥐돌이가 오른쪽 시소의 양쪽 끝에 앉았을 때 시소의 모양을 그려 보시오.

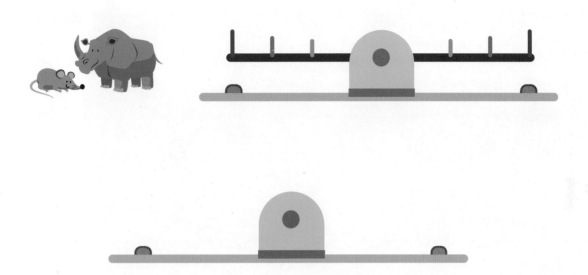

2 코뿔이와 쥐돌이가 함께 시소를 탈 수 있는 방법을 2가지 서술하시오.

영재성검사 창의적 문제해결력

기출예상문제

1 다음 <보기>와 같이 두 개의 그림을 합하여 새로운 그림을 만들 수 있다. 이와 같은 규칙으로 새로 만든 그림을 완성하시오.

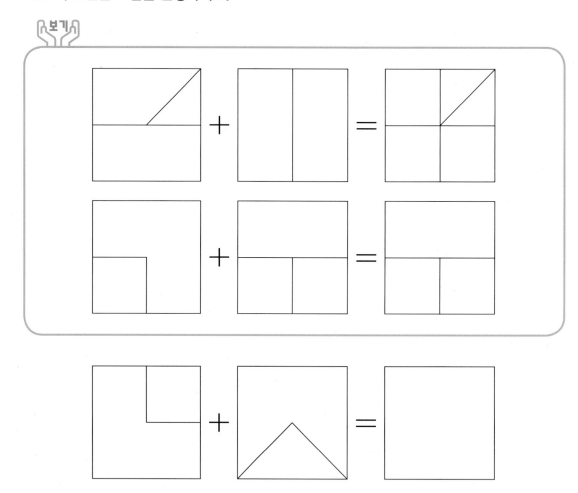

2 1985년에 태어난 예은이 아버지와 2020년에 태어난 예은이의 나이 차이는 몇 살인지 구하시오.

3 다음 그림에서 찾을 수 있는 크고 작은 직사각형의 개수를 모두 구하시오.

4 다음 괄호 안에 들어갈 수를 쓰고, 그 규칙을 서술하시오.

1 – 2 – 4 – (   ) – (   ) – (   ) – …

5 수달이는 매일 차를 타고 학교에서 집으로 온다. 한 칸을 이동할 때마다 1분이 걸리고, 빨간 점이 있는 곳을 지날 때마다 1분이 더 걸린다. 그림 (가)는 어제 수달이가 차를 타고 집으로 온 길이고, 걸린 시간은 9분이다. 오늘은 그림 (나)와 같은 길로 차를 타고 집으로 온다고 할 때, 걸리는 시간은 몇 분인지 구하시오.

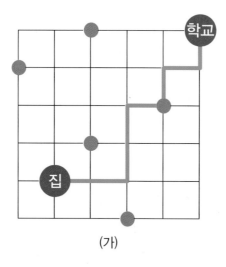

(가)

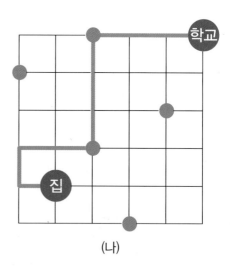

(나)

6 벌집의 모양이 육각형인 이유를 3가지 서술하시오.

7 다음 그림 (가)와 같이 세 기둥 A, B, C에 구슬이 끼워져 있다. 각 기둥의 가장 위에 있는 구슬만 한 번에 하나씩 꺼내어 다른 기둥으로 옮길 수 있다. 그림 (가)의 구슬을 그림 (나)와 같이 만들려면 구슬들을 최소 몇 번 옮겨야 하는지 구하시오.

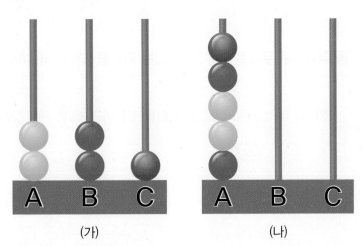

8 다음과 같은 말굽 모양의 자석을 클립이 들어있는 통에 넣고 흔들었다. 이때 클립이 붙는 모습을 그림으로 나타내고 그렇게 생각한 이유를 서술하시오.

9 다음의 동물들을 두 무리로 분류할 수 있는 기준을 5가지 서술하시오.

> 호랑이, 파리, 지렁이, 뱀, 붕어, 비둘기, 사마귀, 매미, 기린, 잠자리, 상어, 오징어

10 다음은 화강암과 각설탕의 사진이다. 화강암과 각설탕의 특징을 감각과 관련하여 서술하고, 공통점과 차이점을 5가지 서술하시오.

〈화강암〉

〈각설탕〉

11 전화나 인터넷 같은 통신기술을 사용하지 않고 멀리 떨어져 있는 곳에 신호를 전달할 수 있는 방법을 3가지 서술하시오.

(단, 사람의 목소리가 들리지 않을 만큼 충분한 거리에서 전달한다.)

지금은 통신기술이 발달하여 전화나 인터넷을 통하여 멀리 있는 곳까지 정보를 전달하지만, 옛날에는 높은 곳에 봉수대를 만들어 낮에는 연기로, 밤에는 불빛으로 약속된 신호를 전달했다.

12 탄성은 잡아당기면 늘어나고 손을 놓으면 원래 모양으로 돌아가는 성질이다. 라텍스 고무줄
처럼 탄성이 있는 물질이 사용되는 예를 10가지 서술하시오.

▲ 라텍스 고무줄

13 물레방아는 물의 힘으로 바퀴를 돌리는 기구이다. 옛날에는 물레방아를 이용하여 곡식을 찧
었다. 물레방아의 물레바퀴를 빠르게 돌릴 수 있는 방법을 3가지 서술하시오.

▲ 강원도 정선 물레방아

14 어떤 기둥 모양이 가장 튼튼한지 알아보기 위해 기둥이 무너질 때까지 기둥 위에 책을 쌓는 실험을 했다. 결과를 바탕으로 가장 튼튼한 기둥을 고르고, 그렇게 생각한 이유를 서술하시오.

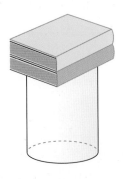  

기둥 모양	둥근기둥	네모기둥	세모기둥
무너질 때까지 올린 책의 수(권)	10	7	6

시대교육이 준비한
특별한 학생을 위한,
최상의 학습 시리즈

안쌤의 사고력 수학 퍼즐 시리즈

①
- 14가지 교구를 활용한 퍼즐 형태의 신개념 학습서
- 집중력, 두뇌 회전력, 수학 사고력 동시 향상

안쌤의 STEAM + 창의사고력
수학 100제, 과학 100제 시리즈

②
- 영재교육원 기출문제
- 창의사고력 실력다지기 100제
- 초등 1~6학년

안쌤과 함께하는
영재교육원 면접 특강

⑧
- 영재교육원 면접의 이해와 전략
- 각 분야별 면접 문항
- 영재교육 전문가들의 연습문제

스스로 평가하고 준비하는 대학부설 · 교육청
영재교육원 봉투모의고사 시리즈

⑦
- 영재교육원 집중 대비 · 실전 모의고사 3회분
- 면접 가이드 수록
- 초등 3~6학년, 중등

※ 도서의 이미지와 구성은 변경될 수 있습니다.

초등 **1** 학년

영재교육원 영재성검사, 창의적 문제해결력 평가 완벽 대비

안쌤의

STEAM

+창의사고력

수학 100제

정답 및 해설

SD에듀
시대교육(주)

이 책의 차례

정답 및 해설

정답 및 해설

 01 쉿! 비밀번호

1 예시답안

- 연우의 말이 옳다고 생각한다. 비밀번호는 다른 사람이 절대 알 수 없도록 만들어야 하기 때문이다.
- 재우의 말이 옳다고 생각한다. 비밀번호를 너무 길게 만들면 쉽게 기억할 수 없기 때문이다.

해설

두 친구 중 자신과 생각이 같은 학생의 이름을 적고, 그렇게 생각한 이유를 적는다.

 2 예시답안

- 비밀번호: 12102312
- 이유: 1학년부터 2학년까지의 학년, 반, 번호를 순서대로 나열한 것이다. 나는 쉽게 기억할 수 있지만 다른 사람들은 알지 못하는 것이기 때문이다.

해설

자신만의 비밀번호를 만들고, 그렇게 만든 이유를 적는다.

 02 동물의 무리 생활

1 모범답안

- 얼룩말과 누의 수: 얼룩말은 26마리이고 누는 25마리이므로 얼룩말이 더 많다.
- 답이 다른 이유: 다른 동물에 가려져 있는 동물을 세지 못했기 때문이다.

 2 예시답안

- 여러 마리가 모여 무리 생활을 한다.
- 포식자의 접근을 감시하는 보초를 둔다.
- 포식자가 잘 접근할 수 없도록 높은 산이나 절벽에서 생활한다.
- 포식자가 숨어서 접근할 수 없도록 숨을 곳이 없는 넓은 곳에서 생활한다.
- 몸의 색을 주변과 비슷한 색으로 만들어 눈에 잘 띄지 않게 한다. → 보호색
- 날카로운 뿔이나 강한 뒷발을 이용하여 포식자가 접근하지 못하도록 한다.

03 100원의 기적

1 모범답안

21개

해설

일주일은 7일이므로 매일 100원씩 일주일 동안 저금한 돈은 700원이다. 100원으로 3개의 바나나를 살 수 있으므로 700원으로는 7×3=21 (개)의 바나나를 살 수 있다.

2 예시답안

- 원을 그릴 때 사용한다.
- 동전던지기와 같은 게임을 할 때 사용한다.
- 동전을 연결하거나 붙여 미술 작품을 만든다.
- 균형이 맞지 않아 흔들거리는 책상을 고정하는 데 사용한다.
- 무게와 크기가 일정하므로 어떤 물건의 무게나 크기를 어림잡아 헤아리는 데 사용한다.

04 숫자 퍼즐, 마방진

1 모범답안

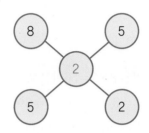

해설

왼쪽 위에서 오른쪽 아래 방향(↘)의 대각선의 합은 8+2+2=12이고, 오른쪽 위에서 왼쪽 아래 방향(↗)의 대각선의 합 역시 5+2+5=12이다. 김홍도가 의도적으로 계산을 하여 그린 것인지, 아니면 균형감을 유지하기 위한 구도가 X자 마방진인지는 알 수 없다. 그렇지만 확실한 것은 그림 속의 사람들을 적당히 분산 배치해 그림의 균형과 조화를 추구하고자 했다는 점이다.

2 모범답안

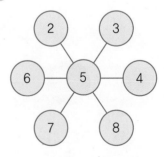

해설

가운데 5를 놓고, 2와 8, 3과 7, 4와 6을 각각 마주 보게 배치하면 세 수의 합이 15가 된다.
2+5+8=15, 3+5+7=15, 4+5+6=15

정답 및 해설

05 금고를 열어 보자!

1 **모범답안**

8536

해설

27+56=83, 8×7=56이므로

☐=8, △=3, ☆=5, ◯=6이다.

따라서 ☐☆△◯=8536이다.

STEAM 2 **모범답안**

4

해설

바깥쪽 부분의 숫자는 6, 1, 5, 3, 8, 2, 4, 7이므로 1~8이고, 안쪽 부분의 숫자는 6, 3, 4, 9, 5, 7, 2, 8이므로 2~9이다. 1~8과 2~9의 숫자가 하나씩 만났을 때 합이 모두 같으려면 합이 10이어야 한다.

따라서 6의 안쪽에는 4가 와야 한다.

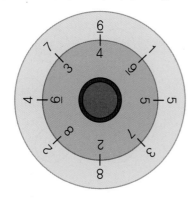

06 엘리베이터

1 **모범답안**

5층

해설

1층에서 3개의 층을 내려가면 지하 1층 → 지하 2층 → 지하 3층에 도착한다. 지하 3층에서 밥을 먹은 후 7개의 층을 올라갔으므로 지하 2층 → 지하 1층 → 1층 → 2층 → 3층 → 4층 → 5층에 도착한다. 따라서 지완이가 쇼핑을 하고 있는 층은 5층이다.

0층이 없으므로 보통의 덧셈과 뺄셈으로 계산하는 것과 다른 결과가 나온다. G층이나 L층이 있는 경우를 고려하여 답을 구할 수도 있다.

STEAM 2 **예시답안**

• 낮은 층은 걸어 다닌다.

• 엘리베이터를 여러 개 만든다.

• 홀수층과 짝수층으로 나누어 사용한다.

• 한 번에 2개 층씩 움직이는 엘리베이터를 만든다.

• 자신이 원하는 층을 입력하면 비슷한 층에서 내릴 사람들과 함께 타게 하는 엘리베이터 시스템을 만든다.

→ 목적지 예고 시스템

07 윷놀이

 모범답안

12칸

해설

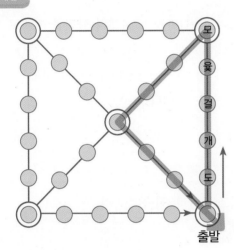

11칸을 이동하면 다시 출발점으로 돌아오게 되므로 한 동이 아니다. 한 동이 나기 위해서는 12칸을 이동해야 한다.

 STEAM 2 **예시답안**

- 자치기: 긴 막대로 짧은 막대를 쳐서 멀리 친 사람이 이긴다.
- 투호: 항아리와 같은 과녁에 긴 막대를 던져 넣어 많이 넣는 사람이 이긴다.
- 제기차기: 제기를 만들어 다양한 방법으로 차는데 많이 차는 사람이 이긴다.
- 팽이치기: 얼음 위에서 팽이를 치며 팽이가 부딪쳐 먼저 쓰러지는 사람이 진다.
- 비석 치기: 넓적한 돌을 일정한 거리에 세워 두고 다른 돌로 맞혀 쓰러뜨리면 이긴다.

08 수학의 왕, 가우스

1 **모범답안**

- 1부터 10까지 순서대로 더한다.
  $\rightarrow 1+2+3+4+5+6+7+8+9+10=55$
- 두 수를 짝지어 더한 값을 곱해 구한다.
  $\rightarrow 1+10=11,\ 2+9=11,\ 3+8=11,$
  $4+7=11,\ 5+6=11$이므로 $11 \times 5 = 55$이다.

해설

$$1+2+3+4+5+6+7+8+9+10=55$$
$$11 \times 5 = 55$$

 STEAM 2 **예시답안**

1부터 10까지의 합을 두 수를 짝지어 더한 값을 곱해 구하는 것과 같이 1과 100을 더한 101을 50번 곱해 $101 \times 50 = 5050$으로 구했다.

해설

$$1+2+3+4+5+\cdots+96+97+98+99+100=5050$$
$$101 \times 50 = 5050$$

이 덧셈 방법은 가우스덧셈이라고 불리는 방법으로, 연속하거나 일정한 규칙으로 나열된 수들을 짝지으면 그 합이 일정함을 활용해 합을 구한다.

09 달력 속 수와 숫자

1 모범답안

- 수: 07월을 나타내는 수 1개와 1~31일까지 날짜에 사용된 수 31개를 합하면 32개이다.
- 숫자: 55개이다.
  - 1~9일까지 한 자리 수에 사용된 숫자는 9개이다.
  - 10~31일까지 두 자리 수에 사용된 숫자는 44개이다.
  - 07월을 나타내는 데 사용된 숫자는 2개이다.

해설

10일에서 31일까지는 22일이고, 두 자리 수의 날짜를 나타내는 데 2개의 숫자가 사용되므로 $22 \times 2 = 44$ (개)의 숫자가 사용된다.

2 예시답안

- 사용된 숫자 1의 개수: 15개
  - 일의 자리에 숫자 1의 사용된 수는 1, 11, 21, 31이므로 모두 4개이다.
  - 십의 자리에 숫자 1이 사용된 수는 10~19 이므로 모두 10개이다.
  - 12월을 나타내는 데 숫자 1이 사용된 수는 1개이다.
- 구하는 방법: 일의 자리에 숫자 1이 사용된 경우와 십의 자리에 숫자 1이 사용된 경우를 각각 구한다.

해설

12월 달력에 숫자 1을 사용한 경우: 12월, 1일, 10일, 11일, 12일, 13일, 14일, 15일, 16일, 17일, 18일, 19일, 21일, 31일

10 동물은 모두 몇 마리?

1 모범답안

13마리

해설

코끼리는 1마리 당 4개의 다리를 가지고 있으므로
$4+4+4+4+4+4+4+4+4+4+4+4+4=52$
모두 13마리이다.

2 모범답안

타조: 7마리, 사슴: 2마리

해설

9마리 모두 타조라고 가정하면 다리는 모두 18개이다. 타조 1마리를 사슴 1마리로 바꿀 때마다 다리의 개수는 2개씩 늘어나므로 타조는 7마리, 사슴은 2마리이다.
이것을 그림이나 표를 그려 구하는 방법을 연습한다.

타조의 수(마리)	사슴의 수(마리)	타조 다리의 수(개)	사슴 다리의 수(개)	전체 다리의 수(개)
9	0	18	0	18
8	1	16	4	20
7	2	14	8	22
6	3	12	12	24

11 도로명주소

1 예시답안

- 원 모양인 것과 아닌 것
- 곧은 선으로만 이루어진 도형과 아닌 것
- 도로명 표지판과 건물 번호판

해설

(라)는 주거용 건물, (마)는 상업용 건물, (바)는 문화재, (사)는 관공서에 사용하는 건물 번호판 이다.

STEAM 2 예시답안

원 모양인 것	원 모양이 아닌 것
(사)	(가), (나), (다), (라), (마), (바)

곧은 선으로만 이루어진 도형	곧은 선으로만 이루어진 도형이 아닌 것
(가), (나), (다), (라), (마)	(바), (사)

도로명 표지판	건물 번호판
(가), (나), (다)	(라), (마), (바), (사)

12 마트에서

1 예시답안

- 고기: 고기를 좋아하기 때문이다.
- 과자: 평소에 먹고 싶었기 때문이다.
- 야구공: 동생과 캐치볼을 하고 싶기 때문이다.
- 초코우유: 달콤한 초코우유를 먹고 싶기 때문 이다.
- 사과: 아삭아삭하고 달콤한 과일로 가장 좋아 하는 과일이기 때문이다.

STEAM 2 예시답안

먹을 수 있는 것	먹을 수 없는 것
고기, 과자, 초코우유, 사과	야구공

공 모양인 것	공 모양이 아닌 것
야구공, 사과	고기, 과자, 초코우유

해설

분류 기준은 객관적인 것으로 누가 분류하던 결 과가 같아야 한다.

정답 및 해설

 13 도형의 이름

1

(1) 예시답안

- 특징: 평평한 면이 있다. 뾰족한 꼭짓점이 있다. 굴러가지 않는다.
- 이름: 상자 모양

해설

6개의 면으로 둘러싸인 도형으로 육면체이다. 육면체 중 6개의 직사각형으로 둘러싸인 도형을 직육면체, 6개의 정사각형으로 둘러싸인 도형을 정육면체라고 한다.

(2) 예시답안

- 특징: 평평한 면이 있다. 옆면이 둥글다. 한 방향으로 굴러간다.
- 이름: 원통 모양

해설

위와 아래에 있는 면이 서로 평행이고 합동(모양과 크기가 같아서 완전히 포개어지는 두 도형)인 원으로 이루어진 입체도형을 원기둥이라고 한다.

(3) 예시답안

- 특징: 평평한 면이 없다. 뾰족한 꼭짓점이 없다. 어느 방향으로든 잘 굴러간다.
- 이름: 공 모양

해설

구는 공 모양의 도형으로, 어느 방향에서 봐도 원 모양으로 보인다.

 14 신호등

1 예시답안

- 변이 없다.
- 둥근 모양이다.
- 꼭짓점이 없다.
- 곧은 선이 없다.
- 중심에서 같은 거리의 점을 이은 것이다.
- 중심을 지나는 선을 여러 개 그릴 수 있으며, 그 길이는 같다.

 STEAM 2 예시답안

- 둥근 면이 빛을 잘 분산시키기 때문이다.
- 유리를 각진 모양으로 만들면 깨지기 쉽기 때문이다.
- 각각의 신호가 잘 구분되어 보이도록 하기 위해서이다.
- 처음 만든 신호등의 모양이 동그란 모양이었기 때문이다.
- 평평한 면보다 둥근 면에서 빗물이 더 잘 흘러내리기 때문이다.
- 평평한 면보다 둥근 면이 더 단단하므로 바람과 같은 충격에 강하기 때문이다.

해설

처음 만들어진 신호등은 전구를 안에 넣어 만들었으므로 동그란 모양이었다.

15 삼각형은 모두 몇 개?

1 모범답안

6개

해설

- 작은 도형 1개로 이루어진 삼각형: 2개
- 작은 도형 2개로 이루어진 삼각형: 3개
- 작은 도형 4개로 이루어진 삼각형: 1개
→ 2+3+1=6 (개)

2 예시답안

- 그림을 그리며 찾을 수 있는 삼각형의 개수를 모두 세어 본다.
- 삼각형을 만드는 데 사용된 작은 도형의 개수를 1개부터 시작하여 하나씩 늘려 가며 만들 수 있는 삼각형의 개수를 세어 본다.

해설

작은 도형의 개수를 늘려 가며 세는 방법이 효과적이다.

16 원으로 그린 그림

1 예시답안

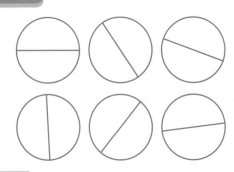

해설

원의 지름은 원의 중심을 지나는 선분이다. 한 원에서 지름은 셀 수 없이 많이 그릴 수 있다.

2 예시답안

- 공
- 사탕
- 동전
- 병뚜껑
- 컵 입구
- 볼펜 단면
- 시험관 입구
- 통조림 윗부분
- 셀로판테이프를 감는 틀

- 전구
- 시계
- 구슬
- 병 입구
- 맨홀 뚜껑
- 냄비 밑면
- 자동차의 바퀴
- 페트리접시 윗면

17 규칙적인 생활

1 예시답안

- 책을 보고 있을 것이다.
- TV를 보고 있을 것이다.
- 학교 숙제를 하고 있을 것이다.
- 저녁 식사를 하고 있을 것이다.
- 동영상 강의를 보고 있을 것이다.

2 예시답안

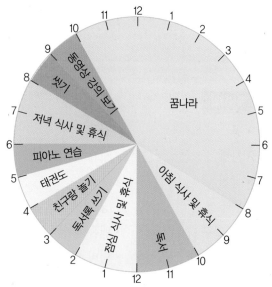

해설

원을 하루인 24시간으로 나누고 각 시간에 실천할 내용을 적는다. 1시간은 15°에 해당한다.

18 수면 시간

1 모범답안

태영이가 민주보다 45분 더 일찍 일어났다.

해설

태영이가 일어난 시각은 5시 55분이고, 민주가 일어난 시각은 6시 40분이다.

2 예시답안

- 8시간, 보통 11시에 잠들고 7시에 일어나면 생활하는 데 어려움이 없으므로 적당한 수면 시간이라고 생각한다.
- 9시간, 보통 8시간을 자는데 종종 졸리거나 피곤할 때가 있어 지금보다 조금 더 자는 것이 적당하다고 생각한다.

해설

현재 자신의 수면 시간을 쓰고 이를 기준으로 자신의 적절한 수면 시간을 어림잡아 헤아려 본다. 신체의 활력을 유지하고 활발한 두뇌 활동, 정서적 안정 등을 위해 잠은 매우 중요하다. 여러 연구를 종합해 보면 적절한 수면 시간은 대체로 하루 7~9시간이지만, 사람마다 충분한 수면 시간이 다르다. 또한, 지나치게 적게 자는 것보다 많이 자는 것이 건강에 더 해롭다.

19 도착 시각은?

1

모범답안

4시 25분

해설

3시 20분+1시간 5분=4시 25분

2

모범답안

미국은 우리나라 반대편에 있어 14~17시간의 차이가 있기 때문이다.

해설

지구는 둥글고 자전하기 때문에 동－서로 멀리 떨어진 곳은 태양과 마주하는 시간 차이가 생긴다. 따라서 나라마다 다른 시각을 사용하고, 나라마다 다른 시각의 차이를 시차라고 한다. 우리나라와 미국 LA는 17시간의 시차가 있다. 형준이가 인천공항에서 비행기를 탄 시각은 우리나라에서는 23일 저녁 8시이지만, LA에서는 23일 새벽 3시이다. 인천공항에서 LA공항까지의 비행시간이 11시간이므로 형준이가 LA에 도착한 시각은 우리나라에서는 24일 아침 7시이지만, LA에서는 23일 오후 2시이다. 러시아, 캐나다, 미국, 호주 등과 같이 동－서로 넓게 위치한 나라는 같은 나라에서도 서로 다른 시각을 사용한다.

20 1년은 며칠일까?

1

모범답안

22일

해설

첫 번째 화요일은 1일이므로 체험 학습을 하러 가는 날은 1+7+7+7=22 (일)이다.

다음과 같이 찢어진 달력을 완성하여 체험 학습을 하러 가는 날을 구할 수도 있다.

일	월	화	수	목	금	토
		1	2	3	4	5
6	7	8	9	10	11	12
13	14	15	16	17	18	19
20	21	22	23	24	25	26
27	28	29	30			

2

모범답안

1년은 365일이고, 4년에 한 번씩 366일이다.

해설

1년은 지구가 태양을 한 바퀴 도는 데(공전) 걸리는 시간이다. 지구가 태양을 한 바퀴 도는 데 걸리는 시간은 365.2422일이다. 따라서 1년을 365일로 사용하고, 4년에 한 번씩 1년을 366일로 하여 차이가 생기지 않도록 한다. 1년이 366일인 경우는 2월이 29일까지 있다. 1년이 365일인 해를 평년이라 하고, 366일인 해를 윤년이라 한다.

정답 및 해설

21 누구 키가 더 클까?

1 **모범답안**

- ㉠을 단위길이로 하였을 때: ㉠의 5배
- ㉡을 단위길이로 하였을 때: ㉡의 3배

해설

어떤 길이를 재는 데 기준이 되는 것을 단위길이라고 하며, 단위길이를 이용해서 길이를 나타낼 때는 단위길이의 '몇 배'로 나타낸다. 단위길이로 재어 나타낸 수는 단위길이에 따라 다르다.

2 **예시답안**

- 편리한 점: 긴 길이나 먼 거리를 측정하고 표현하기 쉽다.
- 불편한 점: 단위길이보다 짧은 길이를 측정하고 표현하기 어렵다.

해설

물체의 길이를 잴 때 단위길이가 길수록 나타내는 수가 작고, 단위길이가 짧을수록 나타내는 수가 크다.

22 길이를 재는 자

1 **모범답안**

서희

연필의 끝을 자의 0과 맞춘 후 자와 나란히 연필을 두어야 정확한 길이를 잴 수 있다.

해설

물건의 길이를 잴 때는 물건의 한쪽 끝을 자의 눈금 0에 맞추고, 다른 쪽 끝에 있는 자의 눈금을 읽는다. 0이 아닌 눈금에서부터 길이를 잴 때는 물건의 한쪽 끝을 자의 한 눈금에 맞추고, 그 눈금에서 다른 쪽 끝까지 1 cm가 몇 번 들어가는지 센다.

2 **모범답안**

약 15 cm

연필의 길이가 15 cm에 가장 가깝기 때문이다.

해설

물체의 길이가 자의 눈금 사이에 있을 때는 눈금과 가까운 쪽에 있는 숫자를 읽고, 숫자 앞에 약을 붙인다.

23 백설공주

1 모범답안

76 cm

해설

1 m는 100 cm이다.

1 m 61 cm=161 cm이므로

161-85=76 (cm)이다.

2 예시답안

- 자로 키를 재어 비교한다.
- 벽에 키를 표시해 비교한다.
- 단위길이로 몇 배가 되는지 재어 비교한다.
- 두 명씩 등을 마주 대고 서서 직접 키를 재어 비교한다.

24 관찰 일기

1 모범답안

길어, 깊이, 굵어, 얇고, 가까이

해설

관찰 일기는 관찰 대상의 그날 상태나 평상시와 다른 점, 기타 특이 사항 등을 적는다. 관찰 일기이므로 구체적이고 자세한 설명일수록 좋다. 그만큼 천천히 세부적으로 관찰해야 한다. 글로 적는 부분과 사진이나 그림 부분으로 나누어 쓰는 것이 효과적이다. 중요하다고 생각하는 부분은 사진보다 그림을 그리는 것이 좋다. 사진은 쉽고 편하게 모습을 기록할 수 있지만, 그림을 그리면 좀 더 정확하고 자세하게 관찰할 수 있고 오랫동안 기억할 수 있다. 관찰 일기를 매일매일 적다 보면 공통점도 있을 것이고 평상시와 다른 점도 있을 것이다. 그 기록들이 쌓여서 한 달이 되고, 일 년이 되면 관찰 대상에 대한 데이터베이스가 커져 빅데이터가 될 것이다. 관찰 일기의 가장 중요한 것은 매일매일 관찰하고 기록해야 하는 점이다.

정답 및 해설

25 우리나라의 사계절

1 모범답안

2

해설

봄－1, 여름－2, 가을－2의 숫자는 글자 수이다. 따라서 겨울은 2이다.

2 예시답안

- 다양한 계절을 보낼 수 있다.
- 1년이 지나는 것을 확실히 알 수 있다.
- 규칙적인 환경 변화로 생체리듬이 좋아진다.
- 계절마다 다양한 과일과 채소를 먹을 수 있다.
- 계절에 따라 수영, 스키 등 다양한 활동을 할 수 있다.
- 계절마다 다양한 볼거리가 있어 관련 산업이 발달한다.
- 계절마다 다른 옷을 입어야 하므로 패션 산업이 발달한다.

해설

지구가 23.5° 기울어진 채 태양 주위를 돌기 때문에 사계절이 생긴다. 사계절은 지구 전체에서 나타나는 것은 아니고, 적도와 극지방 중간쯤에 위치한 중위도 지역에서만 나타난다. 사계절의 계절 변화가 뚜렷한 기후를 온대기후라고 한다. 적도 지방은 일 년 내내 더운 여름이고, 극지방은 일 년 내내 추운 겨울이다.

26 다음에 올 도형은?

1 모범답안

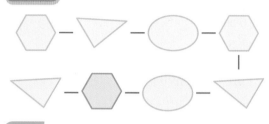

해설

⬡, ▽, ◯가 반복되는 규칙이다.

2 모범답안

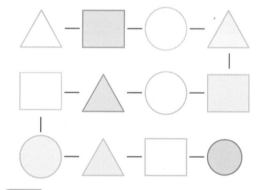

해설

도형의 모양은 △, □, ◯의 순서로 반복되고, 도형의 색깔은 파란색－빨간색－노란색－연두색－분홍색의 순서로 반복된다.

27 예쁜 꽃

1 모범답안

해설

꽃잎의 장수가 7장인 꽃을 그린다.
꽃잎의 장수가 5장, 6장, 7장, 8장으로 1장씩
증가하는 규칙이 있다.

2 예시답안

• 꽃가루를 물에 실어 보낸다.
• 꽃가루를 바람에 날려 보낸다.
• 사람이 직접 붓으로 꽃가루를 옮긴다.
• 다른 동물의 몸이나 털에 꽃가루를 묻혀서 옮
  긴다.

해설

꽃가루는 스스로 움직일 수 없기 때문에 꽃가루
를 옮겨 주는 운반체가 필요하다. 꽃가루를 운
반해 주는 것에 따라 충매화, 풍매화, 조매화,
수매화 등으로 구별한다.

28 황금알을 낳는 거위

1 모범답안

10개

해설

1일부터 11일까지 2일에 1개씩의 황금알을 낳는
거위는 모두 6개의 황금알을 낳고, 3일에 1개씩
의 황금알을 낳는 거위는 모두 4개의 황금알을
낳는다. 따라서 1일부터 11일까지 두 마리의 거
위가 낳은 황금알의 개수는 모두 10개이다.
두 마리의 거위가 1일부터 11일까지 황금알을
낳는 날을 표로 정리하면 다음과 같다.

구분	1일	2일	3일	4일	5일	6일
거위 1	○		○		○	
거위 2	○			○		

구분	7일	8일	9일	10일	11일
거위 1	○		○		○
거위 2	○			○	

2 예시답안

• 사람의 지나친 욕심은 화를 부른다.
• 욕심이 동기가 되면 좋을 것이 없다.
• 더 많이 바랄수록 모든 것을 잃을 수 있다.
• 지나친 욕심을 부리면 모든 것을 잃을 수 있다.
• 한 번에 많은 것을 얻으려고 하면 모든 것을
  잃을 수 있다.

해설

'황금알을 낳는 거위'는 이솝우화 중 하나로, 욕
심을 부리면 이로울 것이 없다는 교훈을 주는
이야기이다.

29 라푼젤

1 모범답안

36 m

해설

머리카락이 1년에 2 m씩 자라므로 18년 동안
2+2+2+2+2+2+2+2+2+2+2+2+
2+2+2+2+2=36 (m) 자란다.
2를 18번 더하는 방법 외에 2×18=36 (m)로도
구할 수 있다.

 2 예시답안

- 올라갈 수 있다. 머리카락 1올은 약하지만 수
  많은 머리카락을 모으면 사람의 몸무게를 견
  딜 수 있기 때문이다.
- 올라갈 수 없다. 머리카락은 튼튼하지만, 머
  리와 머리카락이 연결된 부분은 사람의 몸무
  게를 견딜 수 있을 만큼 튼튼하지 않기 때문
  이다.

해설

어느 주장이든 답이 될 수 있지만, 근거가 타당
해야 한다. 사람의 머리카락은 웬만한 밧줄보다
강도가 세다. 머리카락 1올은 약 50 g의 무게
를 견뎌 낼 수 있다. 머리카락의 강도는 인종이
나 성별에 따라 다르다. 보통 사람의 머리카락
은 약 10~15만 개이므로 머리카락 전부로는 약
5톤가량의 무게를 매달 수 있다. 서양인 머리카
락은 동양인보다 약 20 % 정도 가늘어서 머리
카락의 강도는 동양인이 높은 편이다.

 30 몇 도막일까?

1 모범답안

6번

 2 모범답안

10분

해설

통나무를 잘라야 하는 횟수는 4번이고, 쉬는 시
간은 3번 있어야 한다.
(통나무를 자르는 시간)=1×4=4 (분)
(쉬는 시간)=2×3=6 (분)
(통나무 1개를 5개의 나무 도막으로 만드는 데
필요한 시간)=4+6=10 (분)

31 수열

1 모범답안

- 규칙: 커지는 수가 2, 3, 4, 5, …와 같이 1씩 커지는 규칙이다.
- 12번째 수:

$1+2+3+4+5+6+7+8+9+10+11+12$
$=(1+12)+(2+11)+(3+10)+(4+9)+(5+8)$
$\quad+(6+7)$
$=13+13+13+13+13+13$
$=78$

해설

커지는 규칙을 이용해 12번째 수를 구할 수 있다.

$$\begin{array}{ccccccccccc} & +2 & & +3 & & +4 & & +5 & & +6 & \\ 1 & & 3 & & 6 & & 10 & & 15 & & 21 \cdots \end{array}$$

STEAM 2 모범답안

- 20번째 수: 77
- 규칙: 1부터 시작해 4씩 19번 뛰어 센 수를 구한다.

$1-5-9-13-17-21-25-29-33-37-41$
$-45-49-53-57-61-65-69-73-77$

해설

20번째 수는 1부터 4씩 뛰어 세기를 19번 하면 구할 수 있다.

$1+4\times19=77$

---

32 일주일

1 예시답안

5일

365일은 5의 배수이므로 일주일을 5일로 정해 일 년을 73주로 한다.

해설

어느 주장이든 답이 될 수 있지만, 근거가 타당해야 한다. 아주 옛날에는 주일이라는 개념이 없었다. 문명이 발달하면서 사람들은 하루보다는 길고 한 달보다는 짧은 기간에 대한 개념이 필요하게 되었다. 학자들은 처음에 주일은 장날의 간격에서 시작됐을 것으로 생각한다. 일부 서아프리카 종족은 4일마다, 고대 이집트인과 그리스인들은 10일마다, 로마인들은 9일마다 장을 열었다. 그들은 그 기간을 일주일로 삼아 생활했을 것으로 추측된다.

STEAM 2 예시답안

- 월요일, 일요일에 쉬고 월요일에 학교나 회사에 가기 때문이다.
- 일요일, 달력을 보면 가장 앞에 있는 요일이 일요일이기 때문이다.

해설

어느 주장이든 답이 될 수 있지만, 근거가 타당해야 한다. 달력은 일요일부터 시작해서 토요일로 끝난다. ISO(국제표준화기구)와 우리나라 정부에서는 월요일을 일주일의 시작으로 규정하고 있다.

정답 및 해설

33 어디서 사야 할까?

1 모범답안

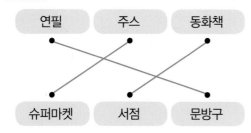

연필	주스	동화책
슈퍼마켓	서점	문방구

2 예시답안

- 꽃 가게: 꽃을 좋아하기 때문이다.
- 식당: 요리하는 것을 좋아하기 때문이다.
- 옷 가게: 내가 만든 옷을 팔고 싶기 때문이다.
- 문방구: 마음껏 뽑기를 할 수 있기 때문이다.
- 슈퍼마켓: 먹고 싶은 것을 마음껏 먹을 수 있기 때문이다.
- 빵 가게: 남은 빵을 어려운 사람들에게 나누어 주고 싶기 때문이다.

해설

어느 가게든 답이 될 수 있지만, 근거가 타당해야 한다. 자신이 좋아하는 물건을 판매하거나 다른 사람을 돕고 싶은 것과 같은 구체적인 이유를 서술한다.

34 마트에서의 분류

1 예시답안

- 유제품, 일반적으로 마트에서 우유나 우유로 만든 제품을 유제품으로 분류하여 진열하기 때문이다.
- 음료, 우유는 마실 수 있는 식품이므로 음료로 분류하여 진열되어 있을 것이다.

2 예시답안

식물성 식품	동물성 식품
양파, 바나나, 사과, 감자	닭, 고등어, 오징어, 오리고기

육지에서 나는 것	바다에서 나는 것
닭, 양파, 바나나, 사과, 감자, 오리고기	고등어, 오징어

35 분리배출

1 모범답안

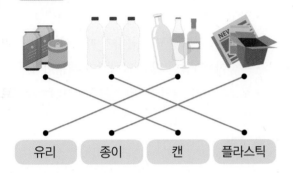

| 유리 | 종이 | 캔 | 플라스틱 |

 2 예시답안

- 버려지는 쓰레기 중 일부를 모아 재활용할 수 있다.
- 쓰레기 수거 시 분리수거를 하는 시간을 줄일 수 있다.
- 철, 병, 종이 등을 재활용하기 때문에 자원을 아낄 수 있다.
- 재활용할 수 없는 쓰레기만 버리니 쓰레기의 양이 적어진다.
- 썩지 않는 쓰레기를 분리수거할 수 있으므로 환경오염을 줄일 수 있다.

해설

분리배출은 쓰레기를 종류별로 나누어서 버리는 것이고, 분리수거는 종류별로 나누어서 버린 쓰레기를 거두어 가는 것이다. 분리되지 않은 쓰레기는 주로 태우거나 땅에 묻는다. 분리배출과 분리수거를 통해 쓰레기를 재활용하면 쓰레기의 양도 줄일 수 있고 자원도 아낄 수 있다.

 36 동전 던지기

1 모범답안

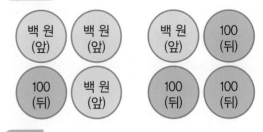

해설

동전 2개를 던졌을 때 나올 수 있는 모든 경우의 수는 (앞, 앞), (앞, 뒤), (뒤, 앞), (뒤, 뒤)의 4가지이다.

 2 모범답안

12가지

해설

동전 1개와 주사위 1개를 던졌을 때 나올 수 있는 모든 경우의 수는 (앞, 1), (앞, 2), (앞, 3), (앞, 4), (앞, 5), (앞, 6), (뒤, 1), (뒤, 2), (뒤, 3), (뒤, 4), (뒤, 5), (뒤, 6)의 12가지이다.

정답 및 해설

37 소풍을 어디로 갈까?

1 예시답안

- 놀이공원: 재미있는 놀이기구도 탈 수 있고, 주로 도시 외곽에 있어 생태 학습도 할 수 있기 때문이다.
- 산: 평소에 잘 갈 수 없는 곳이기 때문이다.
- 박물관: 선생님의 설명을 들으면서 박물관을 관람하면 혼자 관람하는 것보다 더 많은 것을 알 수 있기 때문이다.
- 바닷가: 친구들과 함께 물놀이를 하고 싶기 때문이다.

해설

어느 장소든 답이 될 수 있지만, 근거가 타당해야 한다.

 2 예시답안

장소	놀이공원	산	박물관	바닷가
선택한 학생 수 (명)	15	2	5	3

해설

반 친구들을 대상으로 조사한 후 결과를 표로 나타낸다.

38 맛있는 제철 과일

1 예시답안

- 망고: 달콤하기 때문이다.
- 바나나: 부드럽고 달콤하기 때문이다.
- 복숭아: 과즙이 많고 달콤하기 때문이다.
- 포도: 여러 개의 알맹이를 뜯어 먹는 재미가 있기 때문이다.

해설

어느 과일이든 답이 될 수 있지만, 근거가 타당해야 한다.

 2 모범답안

장소	사과	포도	귤
학생 수(명)	6	4	2
장소	바나나	복숭아	합계
학생 수(명)	3	3	18

해설

자료를 표로 정리할 때 이미 센 과일에 표시해서 중복되거나 빠지는 것이 없도록 한다.

39 반장 선거

1 모범답안

성민

해설

성민이는 10표, 지원이는 9표, 영수는 8표로 성민이가 가장 많은 표를 얻었기 때문이다.
자료를 해석할 때, 자료를 빠짐없이 중복되지 않도록 세는 것이 중요하다. 따라서 산가지(㳄)나 '正'의 표시를 하며 세는 것이 좋다.

2 모범답안

득표 수 (표) 후보	지원	영수	성민
10			◯
9	◯		◯
8	◯	◯	◯
7	◯	◯	◯
6	◯	◯	◯
5	◯	◯	◯
4	◯	◯	◯
3	◯	◯	◯
2	◯	◯	◯
1	◯	◯	◯

해설

표는 후보별 득표 수를 알아보기 편리하고, 그래프는 가장 많은 표를 얻은 학생과 가장 적은 표를 얻는 학생을 한눈에 알 수 있다.

40 마인드맵

1 예시답안

- 수
- 표
- 숫자
- 규칙
- 도형
- 덧셈
- 뺄셈
- 곱셈
- 나눗셈
- 곱셈구구

2 예시답안

수학 - 곱셈 - 곱셈구구 - 시험 - 학교 - 선생님 -
여자 - 남자 - 아들 - 동생 - 장난 - 놀이 - 놀이터
- 친구 - 생일 - 케이크 - 촛불 - 성냥 - 불조심 -
119 - 소방관 - 안전 - 횡단보도 - …

해설

연상되는 단어 20개 모두가 꼭 수학과 관련이 있을 필요는 없다. 수학과 연관된 단어로 시작하여 앞 단어와 연관성이 있는 단어를 나열한다.

정답 및 해설

41 돌고 도는 돈

1 모범답안

27000원

해설

500원짜리 동전 4개는 2000원,
1000원짜리 지폐 5장은 5000원,
5000원짜리 지폐 2장은 10000원,
10000원짜리 지폐 1장은 10000원
이므로 모두 합하면
2000＋5000＋10000＋10000＝27000 (원)이다.

2 모범답안

500원짜리 동전 9개는 4500원이고, 10개는 5000원이다. 따라서 4700원은 500원짜리 동전 9개와 100원짜리 동전 2개와 같으므로 500원짜리 동전으로 최대 9개까지 바꿀 수 있다.

42 선생님의 선물

1 모범답안

586214

해설

- 첫 번째 숫자: 4보다 1 큰 수는 5이다.
- 두 번째 숫자: 9보다 1 작은 수는 8이다.
- 세 번째 숫자: 개미 다리의 개수는 6개이다.
- 네 번째 숫자: 소뿔의 개수는 2개이다.
- 다섯 번째 숫자: 강아지 꼬리의 개수는 1개이다.
- 여섯 번째 숫자: 고양이 다리의 개수는 4개이다.

따라서 비밀번호는 586214이다.

2 모범답안

10번

해설

마지막 한 자리 숫자로 가능한 경우는 0부터 9까지의 수로, 모두 10가지 경우가 있다.
따라서 마지막 숫자가 9인 경우 0부터 9까지 순서대로 하나씩 한다면 10번 만에 자물쇠를 열 수 있다.

장수풍뎅이

1

모범답안

80개

해설

(다리의 수)=6×8=48 (개)

(날개의 수)=4×8=32 (개)

(다리의 수와 날개의 수의 합)=48+32=80 (개)

2

모범답안

10마리

해설

3만 원−6만 원−9만 원−12만 원−15만 원으로 뛰어 세기를 하면 장수풍뎅이 2마리를 3만 원에 5번 살 수 있는 것을 알 수 있다.

따라서 2마리씩 5번 살 수 있으므로

2×5=10 (마리)를 살 수 있다.

 미어캣

1

모범답안

49마리

해설

50−12+7+4=49 (마리)

2

예시답안

• 포식자가 나타나면 숨기 편하기 때문이다.

• 땅속은 여름에 시원하고 겨울에 따뜻하기 때문이다.

• 땅속에 집을 만들면 땅을 파서 집을 넓히기 쉽기 때문이다.

• 땅속에 집을 만들면 밖에서 볼 수 없어 안전하기 때문이다.

해설

미어캣은 주위를 살피는 보초병이 있다. 미어캣의 포식자는 하이에나, 독수리 등 다양하다. 미어캣은 주로 땅속을 뒤져 벌레나 유충을 잡아먹는다. 머리를 땅속에 박고 먹이를 찾다가 종종 고개를 들어 주위를 살피고, 아무도 없으면 다시 머리를 박고 먹이를 찾는다. 먹이를 찾는 동안은 포식자를 피할 수가 없기 때문에 보초병을 둔다. 보초병이 포식자를 발견하면 큰소리를 지르며 경고를 보내고, 먹이를 찾던 미어캣은 포식자를 피해 땅굴로 몸을 숨긴다.

정답 및 해설

45 화가 김홍도

1 모범답안

5명

해설

그림 속 위쪽 여인은 실에 풀을 먹여 팽팽해지도록 하고 있고, 아래 여인은 베틀로 베를 짜고 있다. 베 짜는 여인 뒤에는 어린 아기를 업은 시어머니가 아이와 함께 쳐다보고 있다.

2 예시답안

- 그림에 나오는 모든 사람의 수보다 3 큰 수를 구하시오.
- 그림에서 망치질(메질)을 하는 사람의 수보다 1 작은 수를 구하시오.
- 그림에서 망치질(메질)을 하는 사람 수에 4를 곱한 값을 구하시오.
- 그림에서 나오는 어린이의 수에 9를 더한 수를 구하시오.
- 그림에서 모자를 쓴 사람의 수에 5를 곱한 값을 구하시오.

해설

풀무에 불을 피워 쇠를 달군 뒤, 한 대장장이가 달군 쇠를 집게로 붙들고 다른 두 대장장이는 망치로 메질을 하고 있다. 앞에 있는 아이는 숫돌에 낫을 갈고 있다.

46 가로수

1 모범답안

전봇대: 9개, 나무: 4그루

해설

원은 전봇대, 삼각형은 나무이다.

일정한 간격으로 전봇대와 나무를 세워 보면, 전봇대를 세우는 곳은 0 km, 3 km, 6 km, 9 km, 12 km, 15 km, 18 km, 21 km, 24 km로 9곳이고, 나무를 심는 곳은 4 km, 8 km, 12 km, 16 km, 20 km로 5곳이다. 이 중 12 km인 지점은 전봇대와 나무가 겹치는 곳이므로 전봇대를 세운다. 따라서 전봇대는 9개, 나무는 4그루가 필요하다.

2 예시답안

- 복도의 전등은 일정한 간격으로 달려 있다.
- 건물의 창문은 일정한 간격으로 만들어져 있다.
- 교실의 책상과 의자가 일정한 간격으로 놓여 있다.
- 횡단보도의 흰색 선은 일정한 간격으로 칠해져 있다.
- 아파트 단지의 아파트는 일정한 간격으로 지어져 있다.
- 복도식 아파트의 현관문은 일정한 간격으로 만들어져 있다.
- 주차장의 자동차 주차 공간은 일정한 간격으로 만들어져 있다.

47 불행의 수, 13

1 모범답안

9개

해설

5층부터 13층까지 누른 엘리베이터 버튼의 개수는 5부터 13까지 수의 개수와 같다.

5부터 13까지의 수:

5, 6, 7, 8, 9, 10, 11, 12, 13 → 9개

$13-5+1=9$로도 구할 수 있다.

 2 예시답안

• 건물에는 0층이 없기 때문이다.

• 1층보다 아래에 있는 층은 지하 1층이기 때문이다.

해설

1보다 작은 수는 0이지만 건물에서 1층보다 아래층은 지하 1층이다.

 48 독서

1 모범답안

34권

해설

여름과 겨울에는 7권씩 읽었고, 봄과 가을에는 10권씩 읽었다.

따라서 일 년 동안 읽은 책은

$7+7+10+10=34$ (권)이다.

올해 읽은 책의 수를 표로 나타내면 다음과 같다.

계절	봄	여름	가을	겨울	합계
책의 수 (권)	$7+3$ $=10$	7	$7+3$ $=10$	7	34

 2 예시답안

• 생각의 폭이 넓어진다.

• 마음을 다잡을 수 있다.

• 집중력을 기를 수 있다.

• 성취감을 느낄 수 있다.

• 다양한 지식을 얻을 수 있다.

• 어려운 단어를 찾아보면서 공부할 수 있다.

• 다른 사람의 경험이나 생각을 간접적으로 알 수 있다.

• 문학작품 속에서 나와 비슷한 환경에 처한 인물이 문제를 해결하거나 극복하는 내용을 보며 용기를 얻을 수 있다.

정답 및 해설

 49 1+1=?

1 예시답안

- 옳다고 생각한다. 찰흙 두 덩이를 합치면 여전히 한 손으로 쥘 수 있는 한 덩이가 되기 때문이다.
- 틀렸다고 생각한다. 찰흙 두 덩이를 합치면 한 덩이가 되지만 부피와 무게는 처음의 2배가 되었으므로 처음 한 덩이와는 다르기 때문이다.

해설

어떤 주장이든 답이 될 수 있지만, 근거가 타당해야 한다. 일반적으로 등호(=)는 등호 앞에 있는 것과 뒤에 있는 것이 서로 같다는 것을 나타내는 기호이다.

 STEAM 2 예시답안

- 털실 2뭉치로 목도리 1개를 뜬다.
- 물에 설탕을 섞으면 설탕물이 된다.
- 찰흙 2덩어리를 뭉치면 1덩어리가 된다.
- 남한과 북한이 통일되면 한 나라가 된다.
- 물방울 2개가 모이면 큰 물방울 1개가 된다.
- 암컷 1마리와 수컷 1마리를 합쳐서 암수 한 쌍이라고 한다.
- 유리판 2개가 부딪치면 깨져서 여러 개의 유리 조각이 된다.
- 남자와 여자가 결혼해 아이가 태어나면 3명이 한 가족이 된다.
- 오른쪽 장갑 1짝과 왼쪽 장갑 1짝을 합하면 장갑 1켤레가 된다.

 50 시소를 타는 방법

1 모범답안

해설

시소의 양쪽에 몸무게가 다른 동물이 타면, 시소는 무거운 쪽으로 기운다.

 STEAM 2 예시답안

- 코뿔이가 앞으로 이동한다.
- 쥐돌이가 많이 먹어서 몸무게를 늘린다.
- 쥐돌이가 친구를 더 데려와서 함께 탄다.
- 코뿔이가 다이어트를 해서 몸무게를 줄인다.
- 시소의 길이를 더 길게 하여 쥐돌이가 뒤로 이동한다.

해설

한쪽으로 기운 시소의 수평을 잡으려면 가벼운 쪽에 무게를 더하거나, 무거운 쪽을 앞으로 이동하여 중심으로부터 가까이해야 한다. 또는 가벼운 쪽을 뒤로 이동하여 중심으로부터 멀리해야 한다.

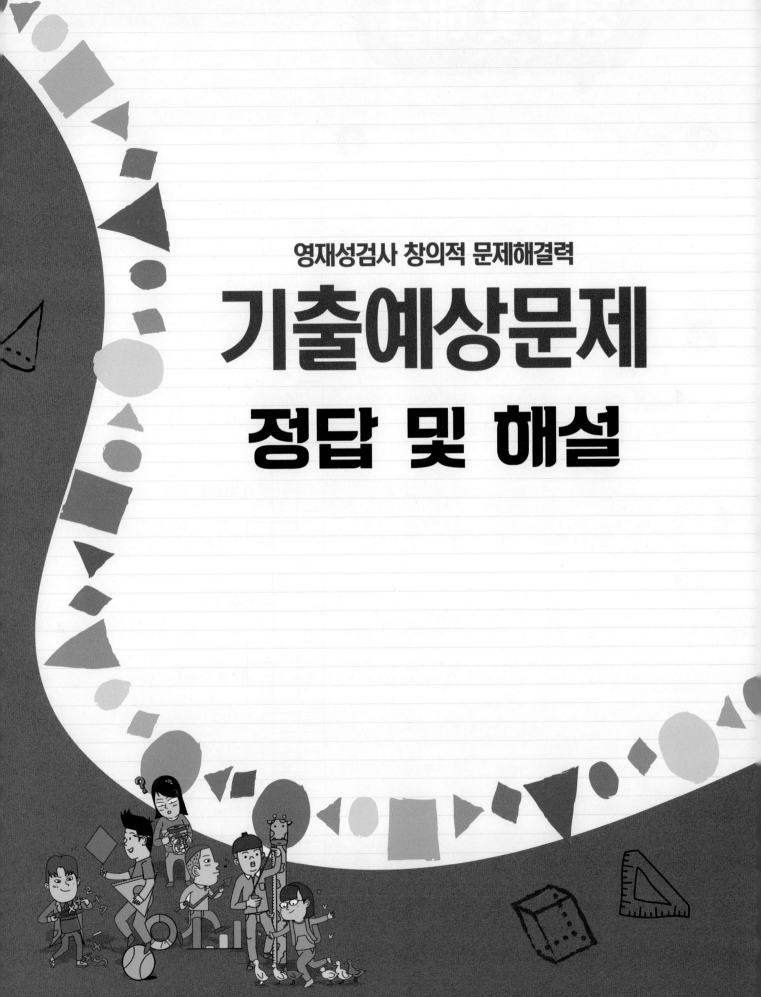

영재성검사 창의적 문제해결력

기출예상문제
정답 및 해설

정답 및 해설

1 모범답안

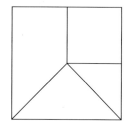

2 모범답안

35살 차이

해설

$2020-1985=35$이므로 35살 차이가 난다.

3 모범답안

⬜의 개수: 12개

▭의 개수: 8개

▭▭▭의 개수: 4개

▯의 개수: 9개

▯의 개수: 6개

▯의 개수: 3개

▭의 개수: 6개

▭의 개수: 3개

▯의 개수: 4개

▦의 개수: 2개

▯의 개수: 2개

▦의 개수: 1개

4 예시답안

$1 - 2 - 4 - 8 - 16 - 32 - \cdots$

→ 앞의 수에 2를 곱하는 규칙

$1 - 2 - 4 - 7 - 11 - 16 - \cdots$

→ 더하는 수가 1씩 커지는 규칙

$1 - 2 - 4 - 2 - 9 - 2 - \cdots$

→ 홀수 번째 수는 1×1, 2×2, 3×3, $\cdots$ 순서로 커지고, 짝수 번째는 2가 연속해서 나오는 규칙

5 모범답안

12분

해설

10칸 이동을 이동하고, 빨간 점이 있는 곳을 2곳 지났으므로 걸리는 시간은 $10+2=12$ (분)이다.

6 예시답안

• 다른 모양보다 튼튼하다.

• 더 많은 양의 꿀을 저장할 수 있다.

• 넓이에 비해 둘레의 길이가 짧아 집을 짓는 재료를 아낄 수 있다.

• 같은 크기의 원 6개로 1개의 원을 둘러쌀 수 있다. 원 모양으로 벌집을 만들었지만 원 사이의 빈틈을 채워 육각형처럼 보이는 것이다.

7 모범답안

7번

해설

기둥 A의 노란 구슬 2개를 하나씩 기둥 C로 옮긴다.

→ 2번

기둥 B의 파란 구슬 1개를 기둥 A로 옮긴다.

→ 1번

기둥 C의 노란 구슬 2개를 하나씩 기둥 A로 옮긴다.

→ 2번

기둥 B의 파란 구슬 1개를 기둥 A로 옮긴다.

→ 1번

기둥 C의 빨간 구슬 1개를 기둥 A로 옮긴다.

→ 1번

따라서 최소 7번 옮겨야 한다.

8 모범답안

자석에서 힘이 가장 강한 곳을 극이라 한다. 말굽자석은 끝부분이 극이므로 끝부분에 클립이 가장 많이 붙는다.

해설

자석에서 가장 힘이 센 곳을 자석의 극이라 하고, 자석의 극은 2개이다. 자석을 쪼개도 극은 나눠지지 않는다. 막대자석과 말굽자석은 양 끝이 극이고, 고리자석과 원형자석은 윗면과 아랫면이 극이다.

〈막대자석의 극〉

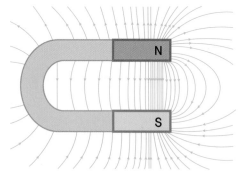

〈말굽자석의 극〉

〈고리자석의 극〉

9 예시답안

- 척추가 있는 동물과 없는 동물
- 체온이 변하는 동물과 일정한 동물
- 날개가 있는 동물과 그렇지 않은 동물
- 한 해만 사는 동물과 그렇지 않은 동물
- 폐호흡을 하는 동물과 그렇지 않은 동물
- 물속에서 사는 동물과 그렇지 않은 동물
- 몸이 털로 싸여 있는 동물과 그렇지 않은 동물
- 몸이 딱딱한 껍질로 덮여 있는 동물과 그렇지 않은 동물
- 어렸을 때 모습과 다 자랐을 때의 모습이 비슷한 동물과 그렇지 않은 동물

10 모범답안

	화강암	각설탕
시각	• 여러 가지 물질로 이루어져 있다. • 여러 가지 색으로 이루어져 있다.	• 알갱이가 보인다. • 직육면체 모양이다.
미각	맛이 없다	달다.
촉감	• 거칠거칠하다. • 단단하다.	• 거칠거칠하다. • 잘 부스러진다.
공통점	• 고체이다. • 알갱이가 보인다. • 표면이 거칠거칠하다.	
차이점	• 단단하다. • 먹을 수 없다. • 알갱이의 크기가 다양하다. • 여러 가지 물질로 이루어져 있다. • 여러 가지 색으로 이루어져 있다.	• 쉽게 부스러진다. • 먹을 수 있다. • 알갱이의 크기가 거의 같다. • 한 가지 물질로 이루어져 있다. • 한 가지 색으로 이루어져 있다.

11

- 비둘기나 매를 훈련시켜 신호를 전달한다.
- 파발처럼 사람이 직접 이동하여 신호를 전달한다.
- 볼 수 있는 가까운 거리는 깃발이나 손으로 신호를 보낸다.
- 가까운 거리는 북처럼 소리나는 악기나 소리나는 화살 등을 이용해 신호를 전달한다.
- 빛이나 연기를 이용한 봉수처럼 멀리까지 곧게 나아갈 수 있는 레이저 빛을 이용해 신호를 전달한다.

해설

통신의 역사는 정보를 전달하는 수단이나 방법에 따라 크게 사람에 의한 통신, 봉화와 수기 등 가시적 신호에 의한 통신, 우편에 의한 통신, 전기 또는 전자기적 신호에 의한 전기 통신으로 분류할 수 있다. 13세기 대제국을 건설한 몽골군은 빠른 통신수단으로 송골매를 활용했고, 제2차 세계대전 당시 독일군은 수백 마리의 비둘기에게 특수훈련을 시켜 영국에 있는 스파이들에게 비밀문서를 전달했다.

12

예시답안

튜브, 신발, 벨트, 호스, 수술용 장갑, 침대 매트리스, 베개, 고무 풍선, 공, 젖병 꼭지, 지우개 등

해설

탄성은 외부의 힘에 의해 변형된 물체가 이 힘이 제거되었을 때 원래의 상태로 되돌아가려고 하는 성질로, 탄성이 있는 물질은 모양을 변화시키거나 충격을 흡수하는 용도로 사용된다.

13

예시답안

- 물을 빨리 떨어뜨린다.
- 많은 양의 물을 떨어뜨린다.
- 물을 높은 곳에서 떨어뜨린다.

해설

떨어뜨리는 물의 양이 많을수록, 물을 빨리 떨어뜨릴수록, 떨어뜨리는 물의 높이가 높을수록 물의 힘이 크므로 물레방아의 물레바퀴가 빨리 돌아간다.

14

모범답안

- 가장 튼튼한 기둥: 둥근기둥
- 이유: 무너질 때까지 올린 책의 수가 많을수록 튼튼한 기둥이다.

해설

같은 종이로 기둥을 만들었을 때 둥근기둥은 단면적이 가장 크고 모서리가 없어 위에서 누르는 힘이 넓은 면적에 골고루 나누어지므로 가장 튼튼하다. 꼭짓점이 있는 세모기둥과 네모기둥은 꼭짓점에 힘이 모이므로 쉽게 무너진다.

메모

STEAM
창의사고력
수학 100제 초등

SD에듀와 함께 꿈을 키워요!
www.sdedu.co.kr

안쌤의 STEAM+창의사고력 수학 100제 초등 1학년

초 판 발 행	2023년 09월 05일 (인쇄 2023년 06월 12일)
발 행 인	박영일
책 임 편 집	이해욱
편 저	안쌤 영재교육연구소
편 집 진 행	이미림 · 피수민 · 박누리별
표 지 디 자 인	박수영
편 집 디 자 인	홍영란 · 곽은슬
발 행 처	(주)시대교육
공 급 처	(주)시대고시기획
출 판 등 록	제 10-1521호
주 소	서울시 마포구 큰우물로 75 [도화동 538 성지 B/D] 9F
전 화	1600-3600
팩 스	02-701-8823
홈 페 이 지	www.sdedu.co.kr
I S B N	979-11-383-5460-8 (64400)
	979-11-383-5459-2 (64400) (세트)
정 가	17,000원

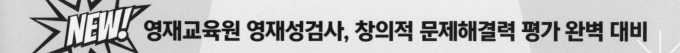

영재교육원 영재성검사, 창의적 문제해결력 평가 완벽 대비

안쌤의
STEAM+창의사고력
수학 100제 시리즈

수학사고력, 창의사고력, 융합사고력 향상

창의사고력 3단계 학습법

영재교육원 창의적 문제해결력 기출문제 및 풀이 수록

안쌤의
STEAM
+ 창의사고력
수학 100제

초등 1학년

시대교육(주)

발행일 2023년 9월 5일(초판인쇄일 2023 · 6 · 12) | **발행인** 박영일 | **책임편집** 이해욱 | **편저** 안쌤 영재교육연구소

발행처 (주)시대교육 | **공급처** (주)시대고시기획 | **등록번호** 제10-1521호 | **주소** 서울시 마포구 큰우물로 75 [도화동 538 성지B/D] 9F

대표전화 1600-3600 | **팩스** (02)701-8823 | **학습문의** www.sdedu.co.kr

수학이 쑥쑥! 코딩이 척척!
초등코딩 수학 사고력 시리즈

③

- 초등 SW 교육과정 완벽 반영
- 수학을 기반으로 한 SW 융합 학습서
- 초등 컴퓨팅 사고력+수학 사고력 동시 향상
- 초등 1~6학년, 영재교육원 대비

④

안쌤의 수·과학 융합 특강

- 초등 교과와 연계된 24가지 주제 수록
- 수학사고력+과학탐구력+융합사고력 동시 향상

⑤

안쌤의 신박한 과학 탐구보고서 시리즈

- 모든 실험 영상 QR 수록
- 한 가지 주제에 대한 다양한 탐구보고서

영재성검사 창의적 문제해결력
모의고사 시리즈

⑥

- 영재교육원 기출문제
- 영재성검사 모의고사 4회분
- 초등 3~6학년, 중등

SD에듀만의 영재교육원 면접
SOLUTION

영재교육원 AI 면접 온라인 프로그램 무료 체험 쿠폰

도서를 구매한 분들께 드리는
특별한 혜택

쿠폰 번호

HLR – 10436 – 16610

유효기간 : ~2024년 6월 30일

01 도서의 쿠폰번호를 확인합니다.

02 WIN시대로[https://www.winsidaero.com]에 접속합니다.

03 홈페이지 오른쪽 상단 영재교육원 **AI 면접** 배너를 클릭합니다.

04 회원가입 후 로그인하여 **[쿠폰 등록]**을 클릭합니다.

05 쿠폰번호를 정확히 입력합니다.

06 쿠폰 등록을 완료한 후, **[주문 내역]**에서 이용권을 사용하여 면접을 실시합니다.

※ 무료쿠폰으로 응시한 면접에는 별도의 리포트가 제공되지 않습니다.

영재교육원 AI 면접 온라인 프로그램

01 WIN시대로[https://www.winsidaero.com]에 접속합니다.

02 홈페이지 오른쪽 상단 영재교육원 **AI 면접** 배너를 클릭합니다.

03 회원가입 후 로그인하여 **[상품 목록]**을 클릭합니다.

04 학습자에게 꼭 맞는 다양한 상품을 확인할 수 있습니다.

KakaoTalk 안쌤 영재교육연구소

안쌤 영재교육연구소에서 준비한 더 많은 면접 대비 상품
(동영상 강의 & 1:1 면접 온라인 컨설팅)을 만나고 싶다면
안쌤 영재교육연구소 카카오톡에 상담해 보세요.